《国学经典藏书》丛书编委会

国学经典藏书

围炉夜话

李如冰　译注

吉林大学出版社
长春

图书在版编目（CIP）数据

围炉夜话 / 李如冰译注 . —长春：吉林大学出版社，2021.8
（国学经典藏书）
ISBN 978-7-5692-8716-5

Ⅰ . ①围… Ⅱ . ①李… Ⅲ . ①个人－修养－中国－清代②《围炉夜话》－译文③《围炉夜话》－注释 Ⅳ . ① B825

中国版本图书馆 CIP 数据核字（2021）第 175412 号

国学经典藏书：围炉夜话
GUOXUE JINGDIAN CANGSHU: WEILU YEHUA

作　　者：李如冰 译注
策划编辑：魏丹丹
责任编辑：田　娜
责任校对：刘　丹
装帧设计：蒋宏工作室
开　　本：880mm × 1230mm　1/32
字　　数：165 千字
印　　张：8
版　　次：2021 年 8 月第 1 版
印　　次：2023 年 7 月第 2 次印刷

出版发行：吉林大学出版社
地　　址：长春市人民大街 4059 号（130021）
0431-89580028/29/21
http://www.jlup.com.cn
E-mail:jdcbs@jlu.edu.cn
印　　刷：河北松源印刷有限公司

ISBN 978-7-5692-8716-5　　　定价：32.00 元

编者的话

经典是人类知识体系的根基,是人类的精神家园,是我们走向未来的起点。莎士比亚说过:“生活里没有书籍,就好像没有阳光;智慧里没有书籍,就好像鸟儿没有翅膀。”21 世纪中国国民的阅读生活中最迫切的事情是什么?我们的回答是阅读经典!

中国有数千年一脉相传、光辉灿烂的文化,并长期处于世界文化发展的前列,尤其是在近代以前,曾长期引领亚洲乃至世界文化的发展方向。长期超稳定的社会发展形态和以小农生产为基础的、悠闲的宗法农业社会,塑造了中华民族注重实际、过分地偏重经验、重视历史的文化心理特征。从殷商时代的“古训是式”(《诗经·大雅·烝民》),到孔子的“述而不作,信而好古”(《论语·述而》),可以清楚地看出这种文化心理不断强化的轨迹。于是,历史就被赋予了神圣的光环,它既是人们获得知识的源泉,也是人们价值标准的出处。它不再是僵死的、过去的东西,而是生动活泼、富有生命力,并对现世仍有巨大指导作用的事实。因而就形成了这样一种固定的文化思维方式,也就是“以铜为鉴,可正衣冠;以古为鉴,可知兴替;以人为鉴,可明得失”(《新唐书·魏徵传》)。中国的文化人世代相承,均从历史中寻求真理,寻求“修身、齐家、治国、平天下”的崇高理想模式。

这种对于历史所怀有的深沉强烈的认同感，正是历史典籍赖以发展、繁荣的文化心理基础。历史上最初给历史典籍的研究和整理工作涂上政治、道德和伦理色彩的是春秋时期的孔子。当时的孔子因感“周室微而礼乐废、《诗》《书》缺”，于是乃删订了《诗》《书》《礼》《乐》《易》《春秋》等“六经”（见《史记·孔子世家》），寄托了自己在政治上“复礼”和道德上“归仁”的最高理想。孔子以后，历史典籍的编撰无不遵循着这一最高原则。所以《隋书·经籍志》总序中就说：“夫经籍也者，机神之妙旨，圣哲之能事。所以经天地，纬阴阳，正纲纪，弘道德，显仁足以利物，藏用足以独善……其王者之所以树风声，流显号，美教化，移风俗，何莫由乎斯道？……其教有适，其用无穷，实仁义之陶钧，诚道德之橐籥也。……夫仁义礼智，所以治国也；方技数术，所以治身也。诸子为经籍之鼓吹，文章乃政化之黼黻，皆为治国之具也。”（《隋书·经籍志一》）由此可见，历史典籍的编撰整理工作，已不仅仅是文化技术问题，更重要的是它还负有“正纲纪，弘道德”的政治和道德使命。于是，在两千多年的历史发展过程中，先人们为我们留下了汗牛充栋的文化典籍。这些宝贵的精神财富，不仅是我们中华民族的骄傲，也是全人类的骄傲，并已成为世界文化宝藏的重要组成部分。

中国的先哲们一向对古代典籍充满崇敬之情，他们认为，先王之道、历史经验、人伦道德以及治国安邦之术、读书治学之法等等，都蕴藏于典籍之中。文献典籍是先王之道、历史经验、人伦道德等赖以传递后世的重要手段。离开书籍，后人将无法从前朝吸取历史经验，无法传承先王之道。在日新月异的当代，如何对待这份优秀的文化遗产？毛泽东同志早就指出：“中国的长期封建社会中，创造了灿烂的古代文化。清理古代文化的发展过程，剔除其封建性的糟粕，吸取其民主性的精华，是发展民族新文化、提高民族自信心的必要条件。……中国现时的新文化也是从古代的旧文化发展而来，因此，我们必须尊重自己的历史，决不能割断历史。但是，这种尊重是给历史以一定的科学地位，是尊重历史的辩证法的发展，而不是颂古非今。”（毛泽东《新民主主义论》）古代典籍，不仅对中华民族的形成与发展历史地发挥了巨大的凝聚力作用，而且在当今中华民族伟大复兴中，依然会发挥无可替代的重要作用。

在科学技术迅猛发展的当代社会，人们的生活、观念正在发生着巨大而深刻的变革，面对蓬勃发展的现代科技和汹涌而至的各种思潮，人们依然能深切地感受到中国传统文化无所不在的巨大力量。人们渴望了解这种无形的力量源泉，于是绚丽多姿的中华典籍就成了人们首要的选择。它能够使我们在精神上成为坚强、忠诚和有理智的人，成为能够真正爱人类、尊重人类劳动、衷心地欣赏人类的伟大劳动所产生的美好果实的人。所以，在今天，我们要阅读经典；当数字化、网络化带来的“信息爆炸”占领人们的头脑、占用人们的时间时，我们要阅读经典；当中华民族迈向和平崛起和民族复兴的伟大征程时，我们更要阅读经典。因此，读经典，这个我们习以为常的平凡过程，实际上就成了人的心灵和上下古今一切民族的伟大智慧相结合的过程。但由于时代的变迁，这些经典对现代人来说已是谜一样的存在。为继承这份优秀的文化遗产，帮助人们更好地利用这些经典，在全国学术界诸多专家学者的支持下，我们策划了这套“国学经典藏书”丛书。

丛书以弘扬传统、推陈出新、汇聚英华为宗旨，以具有中等以上文化程度的广大读者为对象，从我国古代经、史、子、集四部典籍中精选50种,以全注全译或节选的形式结集出版。在书目的选择上,重点选取我国古代哲学、历史、地理、文学、科技、教育、生活等领域历经岁月洗礼、汇聚人类最重要的精神创造和知识积累的不朽之作。既注重选取历史上脍炙人口、深入人心的经典名著,又注重其适应现代社会的人文价值趋向。丛书不仅精校原文,而且从前言、题解,到注释、译文,均在吸收历代学者研究成果的基础上精心编撰。在注重学术性标准的基础上,尽量做到通俗易懂。我们相信,本丛书的出版,对提高人们的古代典籍认知水平,阅读和利用中华传统经典,传播中华优秀文化,提高人们的民族自信心和文化自豪感,进而为中华民族伟大复兴做贡献,均将起到应有的作用。高尔基说:“书籍是人类进步的阶梯。”“要热爱读书,它会使你的生活轻松,它会友爱地帮助你了解纷繁复杂的思想、感情和事件;它会教导你尊重别人和你自己;它以热爱世界、热爱人类的情感,来鼓舞智慧和心灵。”“当书本给我讲到闻所未闻、见所未见的人物、感情、思想和态度时,似乎是每一本书都在我面前打开一扇窗户,并让我看到一个不可思议的新世界。”“每一本书是一级小阶梯,我每爬一级,就……更接近美好生活的观念,更热爱这书”(《高尔基论青年》,中国青年出版社1956年版)。流传千年的文化经典,让我们受益匪浅,使我们懂得更多。正如德国著名作家歌德所说:“读一本好书,就是和一位品德高尚的人谈话。”的确,读一本好书,就像是结交了一位良师益友。我们真诚希望,这套经典丛书能够真正进入您的生活,成为人人应读、必读和常读的名著。

陈　虎

庚子岁孟秋

前言

清代王永彬《围炉夜话》与明代洪应明《菜根谭》、陈继儒《小窗幽记》并称“处世三大奇书”。但很多人对王永彬的生平并不了解。据王洪强、周国林先生考证，王永彬(1792—1869)，字润芳，号宜山，世称宜山先生。清荆州府枝江县石门村(今湖北宜都)人。以教书为业，喜吟咏，勤著书，门生弟子众多，是当地很有名望的乡贤。闲暇时光，家人聚处，王永彬喜欢口述平生心得，并让儿孙记录保存。咸丰甲寅年(1854)王永彬六十三岁时，将这些心得结集出版，命名《围炉夜话》。《围炉夜话》是王永彬向晚辈谈话的记录，也是他人生感悟的总结，因此谆谆善诱，亲切可感，充满人生的智慧。民国时被编进《福寿宝藏》丛书，并传至日本。国内亦翻刻不绝。本次整理择善本而从，为读者阅读方便，在每则文字前添加了序号和标题，并进行了注释和翻译。

李如冰

2020年6月

目　录

原　序 …… *1*
一　教子弟于幼时，检身心于平日 …… *3*
二　学朋友好处，行圣贤言语 …… *4*
三　贫求俭，拙要勤 …… *5*
四　听稳当话，做本分人 …… *6*
五　处事代人作想，读书切己用功 …… *7*
六　信字是立身之本，恕字是接物之要 …… *8*
七　会说杀身，积财丧命 …… *9*
八　教小儿宜严，待小人宜敬 …… *11*
九　善谋生者修恒业，善处事者定章程 …… *12*
十　名利不宜终为祸，困穷能耐定回甘 …… *13*
十一　挽风俗奢淫，讲人心廉耻 …… *14*
十二　随处见神明之宰，终身无安逸之时 …… *15*
十三　人心足恃，天道好还 …… *16*
十四　有才必韬藏，为学无间断 …… *19*
十五　积善谋甚远，积财害无穷 …… *20*
十六　严厉易至成德，姑息多有败行 …… *21*

十七　读书无论资性高低，立身不嫌家世贫贱 …………… 22
十八　乡愿无非假面孔，鄙夫尽是俗心肠 ……………… 23
十九　打算精明败家声，朴实浑厚培子孙 ……………… 24
二十　心能辨是非，人不忘廉耻 ………………………… 25
二十一　忠孝非伶俐，仁义藏恶人 ……………………… 26
二十二　权势之徒作威福，奸邪之辈起风波 …………… 27
二十三　富贵不着意，忠孝不离心 ……………………… 28
二十四　物命可惜，人心可回 …………………………… 29
二十五　论是非，贵平正 ………………………………… 30
二十六　琴书之乐，经济之才 …………………………… 31
二十七　泼妇伎俩静镇之，谗人情形淡置之 …………… 32
二十八　救人菩萨，脱身英雄 …………………………… 33
二十九　气性乖张多夭亡，语言深刻终薄福 …………… 34
三十　志不可不高，心不可太大 ………………………… 35
三十一　贫贱非辱，富贵非荣 …………………………… 36
三十二　即物穷理，顾名思义 …………………………… 37
三十三　父兄教子弟，君子处小人 ……………………… 39
三十四　守身不敢妄为，创业还须深虑 ………………… 41
三十五　做人不可有势利气，习业不可有粗浮心 ……… 42
三十六　不敢虚骄，可以发愤 …………………………… 43
三十七　心动于警励，势成于因循 ……………………… 44
三十八　生命有穷期，学问无定数 ……………………… 45
三十九　心过得去，身做得来 …………………………… 46
四十　气性不和无足取，语言矫饰属可疑 ……………… 47

四十一　聪明何若守拙,滥交不如读书 …… 48
四十二　放开眼孔,立定脚跟 …… 49
四十三　持身贵严不可矜,处世贵谦不可谄 …… 50
四十四　善用其财,无愧其禄 …… 51
四十五　增体面不如益身心,求显荣不如立品行 …… 52
四十六　君子存心凭忠信,小人处世设机关 …… 53
四十七　求个良心管我,留些余地处人 …… 54
四十八　一言足以召大祸,一行足以玷终身 …… 55
四十九　处横逆之方,守贫穷之法 …… 56
五十　俯仰间皆文章,游览处皆师友 …… 58
五十一　行善快意,逞奸坏心 …… 59
五十二　吉凶可鉴,细微宜防 …… 60
五十三　谨守规模不大错,但足衣食称小康 …… 61
五十四　不耐烦乃为大病,学吃亏是处事良方 …… 62
五十五　当知读书之乐,不邀为善之名 …… 63
五十六　知非学进,见多德进 …… 64
五十七　敬他人,靠自己 …… 65
五十八　待人之道,修己之功 …… 66
五十九　奢侈悭吝败家,精明庸愚覆事 …… 67
六十　廛市为败路,词讼入下流 …… 68
六十一　境界命运可知足,德业学问可自惭 …… 69
六十二　舍钱为义士,舍命为忠臣 …… 70
六十三　忠厚谦恭无大患,节俭简省可久延 …… 72
六十四　作善降祥,不善降殃 …… 73

六十五　和平处事，正直居心……………………………………… 74
六十六　名教为乐，悲悯为心……………………………………… 75
六十七　偷安败门庭，谋利伤骨肉………………………………… 77
六十八　谨守父兄教条，不改祖宗成法…………………………… 78
六十九　富贵而收敛，困穷而振兴………………………………… 79
七十　自伐自矜可为戒，讲仁讲义不远求………………………… 80
七十一　贫寒更须读书，富贵不忘艰辛…………………………… 81
七十二　俭可养廉，静能生悟……………………………………… 82
七十三　存心方便即长者，虑事精详是能人……………………… 83
七十四　常怀振卓心，多说切直话………………………………… 84
七十五　不骄不吝，若无若虚……………………………………… 85
七十六　孝子忠臣，圣经贤传……………………………………… 87
七十七　气昏志惰岂有为，神紧骨坚能任事……………………… 88
七十八　潇洒襟怀春风和，光明世界即青天……………………… 89
七十九　势利皆假，虚浮无成……………………………………… 90
八十　不忮不求，勿忘勿助………………………………………… 91
八十一　数虽有定，变固宜防……………………………………… 92
八十二　和为祥气，善是吉星……………………………………… 93
八十三　人生不可安闲，日用必须简省…………………………… 94
八十四　成大事功，有真气节……………………………………… 95
八十五　不责人远怨，不信人取败………………………………… 96
八十六　无执滞心乃通方，有做作气非本色……………………… 97
八十七　心做主人，留名后世……………………………………… 98
八十八　有生资也要学习，慎大德应矜细行……………………… 99

八十九　忠厚人颠扑不破,冷淡处趣味弥长 …………………… 100
九十　结交直道朋友,亲近耆德老成 ………………………… 101
九十一　为乡邻解纷争,为世俗谈因果 ……………………… 102
九十二　肯做工夫,多积阴德 ………………………………… 103
九十三　常存仁孝心,莫起邪恶念 …………………………… 104
九十四　自奉减方好,处世退为高 …………………………… 105
九十五　守分安贫,持盈保泰 ………………………………… 106
九十六　自谋吃饭本领,早定成器日期 ……………………… 107
九十七　谋道者不可有止心,穷理者不可无真见 ………… 108
九十八　守身必谨严,养心须淡泊 …………………………… 109
九十九　人之足传在德,世所相信在行 ……………………… 110
一百　令乡党无怨言,教子孙习恒业 ………………………… 111
一百一　多记先正格言,闲看他人行事 ……………………… 112
一百二　精勤可企而及,镇定非学而能 ……………………… 113
一百三　但患不肯济人,使人不忍欺我 ……………………… 115
一百四　享福之才,创家之人 ………………………………… 116
一百五　勿溺爱以长自肆,勿轻弃以绝自新 ……………… 117
一百六　忠实无才可立功,忠实无识必偾事 ……………… 119
一百七　不可忘艰难之境,不可存侥幸之心 ……………… 120
一百八　心静则明,品超斯远 ………………………………… 121
一百九　清贫乃顺境,节俭即丰年 …………………………… 122
一百十　迂拙之人,虚浮之士 ………………………………… 123
一百十一　背乎经常皆异端,涉于虚诞皆邪说 …………… 124
一百十二　图功未晚,浮慕无成 ……………………………… 125

一百十三　道本足于身，境难足于心 …………………… 126
一百十四　读书须下苦功，为人当有好处 ……………… 127
一百十五　决意改图为君子，肆行无忌为小人 ………… 128
一百十六　淡中交耐久，静里寿延长 …………………… 129
一百十七　熟思审处，忍让曲全 ………………………… 130
一百十八　聪明勿使外散，耕读何妨兼营 ……………… 131
一百十九　身不饥寒，学有长进 ………………………… 132
一百二十　不争得失，唯求己能 ………………………… 133
一百二十一　为人见精神，做事知权变 ………………… 134
一百二十二　文章是山水化境，富贵乃烟云幻形 ……… 135
一百二十三　细微处留心，德义中立脚 ………………… 136
一百二十四　天下无憨人，世上皆苦人 ………………… 137
一百二十五　甘受人欺非懦弱，自谓予智是糊涂 ……… 138
一百二十六　功德文章传后世，人品心术不能瞒 ……… 139
一百二十七　闭目养神，闭口防祸 ……………………… 140
一百二十八　富家难教子，寒士应读书 ………………… 141
一百二十九　苟不能振，俗不可医 ……………………… 142
一百三十　不可及之志，不忍言之祸 …………………… 143
一百三十一　让退易处，放松难成 ……………………… 144
一百三十二　无学为贫，无德为孤 ……………………… 145
一百三十三　知过能改圣人徒，恶恶太严君子病 ……… 146
一百三十四　以诗书为性命，从孝悌立根基 …………… 147
一百三十五　得意者何可自矜，为善者须当自信 ……… 148
一百三十六　看高自己不能长进，看低自己不能振兴 …… 149

一百三十七　有为非轻为,好事非晓事 …………………… 150
一百三十八　有意为善,有过当规 ……………………… 151
一百三十九　有沥胆披肝之士,无焦头烂额之人 ………… 152
一百四十　心不外驰,气不久浮 ………………………… 153
一百四十一　要成就人才,莫暴殄天物 ………………… 154
一百四十二　平情应物,藏器待时 ……………………… 155
一百四十三　板凳且坐着,光阴莫错过 ………………… 156
一百四十四　丧良心者如禽兽,舍正路者行荆棘 ………… 157
一百四十五　务本业者境常安,当大任者心良苦 ………… 158
一百四十六　难救求死之人,可邀悔祸之天 …………… 159
一百四十七　恃力逢敌手,恃势逢对头 ………………… 160
一百四十八　为学不外静敬,教人先去骄惰 …………… 161
一百四十九　对知己而无惭,求读书而有用 …………… 162
一百五十　以直道教人,以诚心待人 …………………… 163
一百五十一　粗粝能甘,纷华不染 ……………………… 164
一百五十二　性情执拗难谋事,机趣流通可言文 ………… 165
一百五十三　不必世事能,唯求心相印 ………………… 166
一百五十四　无抱惭于衾影,期收效于桑榆 …………… 167
一百五十五　念祖考创家基,为子孙计长久 …………… 168
一百五十六　于世有济,此生不虚 ……………………… 169
一百五十七　齐家修身言行慎,读书明理识见高 ………… 170
一百五十八　积善有余庆,多藏必厚亡 ………………… 171
一百五十九　求备之心修身,知足之心处境 …………… 172
一百六十　有守节不挠,立言人有益 …………………… 173

一百六十一　向善必笃，进德可期 …………………………… 174
一百六十二　真性情须真涵养，大识见有大文章 ………… 175
一百六十三　为善之端讲让，立身之道须敬 ……………… 176
一百六十四　自不能知安知人，古人得失不必论 ………… 177
一百六十五　治术必本儒术，今人不及古人 ……………… 178
一百六十六　莫大之祸，起于不忍 …………………………… 179
一百六十七　家之长幼，士之衣食 …………………………… 180
一百六十八　读书积德，事长亲贤 …………………………… 181
一百六十九　五伦为教，四子成书 …………………………… 182
一百七十　意趣清高，志量远大 ……………………………… 184
一百七十一　莫娶势家女，难为富儿师 ……………………… 185
一百七十二　钱能福祸，药能生杀 …………………………… 186
一百七十三　身体力行，集思广益 …………………………… 187
一百七十四　功课无荒乃成业，官箴有玷未见荣 ………… 188
一百七十五　儒者多文为富，君子疾名不称 ……………… 189
一百七十六　收放心的功夫，干大事的本领 ……………… 190
一百七十七　规我过者为益友，徇己私者为小人 ………… 191
一百七十八　待人宜宽，行礼宜厚 …………………………… 192
一百七十九　观已然知未然，尽其然听自然 ……………… 193
一百八十　观规模知事业，察德泽知门祚 ………………… 194
一百八十一　尚义君子，趋利小人 …………………………… 195
一百八十二　畅则无咎，亢则有悔 …………………………… 196
一百八十三　耕读之本原，衣食之实用 ……………………… 197
一百八十四　官要施行，富要布置 …………………………… 198

一百八十五　立教之目，为学之序 …………………………… 199
一百八十六　可防隐微之衍，莫务技艺之末 ……………… 200
一百八十七　恐学而无恒，要贫而有志 …………………… 201
一百八十八　用功于内无所求，饰美于外无所有 ………… 202
一百八十九　有心者贵人谋，讲学者求实用 ……………… 203
一百九十　资性不足限人，境遇不足困人 ………………… 204
一百九十一　敦厚人可托大事，谨慎人能成大功 ………… 205
一百九十二　英明难救已成之祸，智计不保难宥之罪 …… 206
一百九十三　忠厚处世，勤俭传家 ………………………… 208
一百九十四　紫阳维正教，阳明救末流 …………………… 209
一百九十五　凶恶非美名，浮躁非佳士 …………………… 211
一百九十六　处事宜宽平，持身贵严厉 …………………… 212
一百九十七　人贵有为，不可自薄 ………………………… 213
一百九十八　人苟欲生全其直，士不安贫反其常 ………… 214
一百九十九　富厚者广积阴功，贫穷者自谋本业 ………… 215
二百　言不可尽信，事未可遽行 …………………………… 216
二百一　兄弟相师友，闺门若朝廷 ………………………… 217
二百二　友以成德，学以愈愚 ……………………………… 218
二百三　明犯国法罪难逃，白得人财加倍赔 ……………… 219
二百四　浪子可回头，贵人莫失足 ………………………… 220
二百五　饮食有节，男女有别 ……………………………… 221
二百六　耐贫贱易，耐富贵难 ……………………………… 222
二百七　澹如秋水贫中味，和若春风静后功 ……………… 223
二百八　兵应者胜，兵贪者败 ……………………………… 224

二百九　险奇之事不可为，平淡之事可常为 …………………… 225
二百十　忧先于事无忧，事至而忧无救 ………………………… 226
二百十一　父子有别，人贵自立 ……………………………… 227
二百十二　静能延寿，敬则日强 ……………………………… 229
二百十三　吉凶在人，循分守常 ……………………………… 230
二百十四　勤苦之人绝无痨疾，显达之士多出寒门 ……… 232
二百十五　欲利己便害己，肯下人终上人 ………………… 233
二百十六　大孝为其难，美才本于德 ……………………… 234
二百十七　不能缩头休缩头，可以放手须放手 …………… 235
二百十八　言命不外顺受其正，求仁可知从入之方 ……… 236
二百十九　见小利不能立大功，存私心不能谋公事 ……… 237
二百二十　正己为率人之本，守成念创业之艰 …………… 238
二百二十一　多做好人，少管闲事 ………………………… 239

原　序

寒夜围炉，田家妇子之乐也。顾篝灯坐对[①]，或默默然无一言，或嘻嘻然言非所宜言[②]，皆无所谓乐[③]，不将虚此良夜乎？余识字农人也，岁晚务闲，家人聚处，相与烧煨山芋[④]，心有所得，辄述诸口，命儿辈缮写存之，题曰《围炉夜话》。但其中皆随得随录，语无伦次且意浅辞芜[⑤]，多非信心之论[⑥]，特以课家人消永夜耳[⑦]，不足为外人道也。倘蒙有道君子惠而正之，则幸甚。

咸丰甲寅二月既望王永彬书于桥西馆之一经堂

〔注释〕

①篝灯：点上灯笼。

②嘻嘻然：欢笑的样子。

③无所谓乐：说不上快乐。

④烧煨：指把生的食物放在带火的灰里使烧熟。山芋：甘薯的俗称，也叫地瓜。

⑤语无伦次：语言杂乱无条理。意浅辞芜：意义浅薄，文辞杂乱。

⑥信心：诚心。

⑦课:教导。永夜:长夜。

〔译文〕

寒冷的夜晚,围在火炉边,这是农家老婆孩子聚在一起的快乐。但点上灯笼相对而坐,或者默默地一言不发,或者嘻嘻哈哈说一些不该说的话,那也谈不上什么真正的快乐,难道不是虚度这美好的夜晚吗?我不过是一个识字的农夫,岁暮农闲的时候,一家人聚在一起,一起烤着地瓜,心里有了什么体会,就口述出来,让孩子们书写保存下来,题名作《围炉夜话》。但其中都是随有心得随记录下来,语言没有什么条理,文意浅薄,文辞杂乱,并非诚心要发什么议论,只是用来教导家人、消磨长夜罢了,不值得跟外人说道。如果承蒙道德学问有造诣的君子对此加以惠正,那我就太幸运了。

咸丰甲寅(1854年)二月十六日于桥西馆一经堂

一　教子弟于幼时，检身心于平日

教子弟于幼时[①]，便当有正大光明气象[②]；检身心于平日，不可无忧勤惕厉工夫[③]。

〔注释〕

①子弟：儿子和弟弟，相对父兄而言，泛指晚辈。

②气象：指气概、气度。

③忧勤惕（tì）厉：忧，忧虑，思虑。勤，勤奋，勤勉。惕，畏惧，敬畏。厉，“砺”的古字，磨砺。

〔译文〕

教导孩子要从幼年时就开始，应当培养他们言行正派、举止大气、光明磊落的胸怀气概；在日常生活中就要注意检点反省自身的思想行为，必须下功夫多动脑筋，勤奋努力，时时警醒，严加磨炼。

二　学朋友好处，行圣贤言语

与朋友交游[①]，须将他好处留心学来，方能受益；对圣贤言语[②]，必要我平时照样行去，才算读书。

〔注释〕

①交游：交往。

②圣贤：圣人和贤人，指道德高尚、才智杰出的人。言语：言论。

〔译文〕

和朋友交往，必须把他的好处优点留心观察学习过来，才能从交友中得到益处；对那些从书上读到的圣贤言论，必须在平时的日常生活中照着去做，才算真正读书了。

三　贫求俭，拙要勤

贫无可奈惟求俭[1]，拙亦何妨只要勤[2]。

〔注释〕

①无可奈：即无可奈何。没有办法、无法可想的意思。

②拙：笨拙，迟钝。

〔译文〕

贫穷没有什么好办法，只能靠节俭，笨拙一点儿也不要紧，只要肯勤奋努力。

四　听稳当话，做本分人

稳当话[1]，却是平常话[2]，所以听稳当话者不多；本分人[3]，即是快活人[4]，无奈做本分人者甚少。

〔注释〕

①稳当：稳妥恰当。

②却：只。

③本分：安分守己。

④快活：高兴，快乐。

〔译文〕

稳当话，都是一些很平常的话，所以听稳当话的人不多。本分的人才是快活的人，无奈做本分人的太少。

五　处事代人作想，读书切己用功

处事要代人作想[1]，读书须切己用功[2]。

〔注释〕

①处事：做事。代：替。

②切己：切身。密切联系自身，和自己有密切关系。

〔译文〕

做事一定要替别人想想，读书则必须靠自己用功。

六　信字是立身之本，恕字是接物之要

一信字是立身之本[①]，所以人不可无也；一恕字是接物之要[②]，所以终身可行也。

〔**注释**〕

①信：诚实不欺。立身：指处世为人。

②恕：推己及人，仁爱待物。

〔**译文**〕

一个信字，是处世为人的根本，所以人不能没有信。一个恕字，是待人接物的要点，所以是一辈子都可以照做的。

七　会说杀身，积财丧命

人皆欲会说话，苏秦乃因会说而杀身①；人皆欲多积财，石崇乃因多积财而丧命②。

〔注释〕

①苏秦（？—前284），字季子，洛邑（今河南洛阳）人，是战国时期著名的纵横家、外交家和谋略家。曾游说列国，提出合纵六国以抗秦的战略思想。风光时兼佩六国相印。六国联盟解散后，齐国攻打燕国，苏秦游说齐国归还燕国城池。后自燕至齐，任齐国客卿，被齐国众大夫派人刺杀。

②石崇（249—300），字季伦，小名齐奴。渤海南皮（今河北南皮东北）人。西晋时期著名的富豪。为西晋开国元勋石苞的第六个儿子。石苞临终时，把财产分给其他几个儿子，唯独不给石崇。石崇的母亲向石苞请求，石苞说："这孩子尽管年龄小，但他能靠自己得到财富。"石崇早年历任修武县令、城阳太守、散骑侍郎、黄门郎等职。后因灭吴有功，封安阳乡侯，累官南中郎将、荆州刺史、南蛮校尉、鹰扬将军等职。在任上劫掠往来富商致富。贾后专权时，石崇阿附外戚贾谧。永康元年（300），贾后等为赵王司马伦所杀，司马伦党羽孙秀向石崇索要其宠妾绿珠不成，诬陷其为乱党，将他夷灭三族。

〔译文〕

人都想要会说话，苏秦却因为太会说话而遭遇杀身之祸；人都想积累尽可能多的钱财，石崇却因为积财太多而丢掉了性命。

八　教小儿宜严，待小人宜敬

教小儿宜严[①]，严气足以平躁气[②]；待小人宜敬[③]，敬心可以化邪心[④]。

〔注释〕

①严：严厉，严格。

②躁气：浮躁之气。

③敬：恭敬，严肃。

④邪心：不正当的念头。

〔译文〕

教育小孩子要严格，严正之气足以平息小孩子的浮躁之气。对待小人要恭敬，恭敬之心可以化解小人的歪心邪念。

九　善谋生者修恒业，善处事者定章程

善谋生者[①]，但令长幼内外[②]，勤修恒业[③]，而不必富其家；善处事者，但就是非可否[④]，审定章程[⑤]，而不必利于己。

〔注释〕

①谋生：设法寻求维持生活的门路，打理生活。

②长幼内外：指一家男女老少。

③恒业：稳定的事业。

④就：依据。

⑤章程：规定。

〔译文〕

善于打理生活的，只要让一家老少男女勤勤恳恳地安稳做事就好，不一定非要多么富有。善于为人处事的，只要依据事情本身的是非曲直，审查规定章程就可以，而不一定非要有利于自己。

十　名利不宜终为祸，困穷能耐定回甘

名利之不宜得者竟得之①，福终为祸；困穷之最难耐者能耐之②，苦定回甘。

〔注释〕

①不宜：不应该。

②耐：忍耐。

〔译文〕

功名利禄本来不应该得的却得到了，这种幸运到最终恐怕只会带来灾祸。困苦贫穷是最难以忍耐的，但如果能够忍耐下来，苦一定会变为甜。

十一　挽风俗奢淫，讲人心廉耻

风俗日趋于奢淫①，靡所底止②，安得有敦古朴之君子③，力挽江河；人心日丧其廉耻，渐至消亡，安得有讲名节之大人④，光争日月。

〔注释〕

①风俗：指社会风气。奢淫：奢侈淫逸。

②靡所底止：没有止境，没有底线。

③敦古朴：崇尚古朴之风。

④讲名节：讲究名誉节操。大人：指德行高尚、志趣高远的人。

〔译文〕

社会风气一天天变得奢侈淫逸，没有底线，哪里有能够注重古朴之风的君子，来大力挽救江河日下的社会不良风气。人心一天天变得越来越没廉耻，渐渐到了没脸没皮的时候，哪里有讲究名誉节操的高尚之人，使道德之光如日月一般普照。

十二　随处见神明之宰，终身无安逸之时

人心统耳目官骸[①]，而于百体为君[②]，必随处见神明之宰[③]；人面合眉眼鼻口，以成一字曰苦（两眉为草，眼横鼻直，而下承口，乃苦字也），知终身无安逸之时[④]。

〔注释〕

①统：统率，管理。官骸（hái）：身体，躯体。
②百体：人体各个部分。
③神明：人的精神、心思。宰：主宰。
④终身：一生，一辈子。

〔译文〕

人的心灵统管着五官和身体，对于身体各部分来说相当于君主，因此从身体行为随处可见心灵的主宰作用。人的面部集合了眉毛、眼睛、鼻子和嘴巴，形成一个“苦”字（两条眉毛就像草字头，眼睛成一条横线，鼻子成一条竖线，下面的嘴巴就是一个口，合起来是个“苦”字），由此可知人这一辈子就没有安闲舒适的时候。

十三　人心足恃，天道好还

伍子胥报父兄之仇[①]，而郢都灭[②]，申包胥救君上之难[③]，而楚国存，可知人心足恃也[④]；秦始皇灭东周之岁[⑤]，而刘季生[⑥]，梁武帝灭南齐之年[⑦]，而侯景降[⑧]，可知天道好还也[⑨]。

〔注释〕

①伍子胥(前559—前484)：名员，字子胥，原为春秋时期楚国人，楚国大夫伍奢之子。楚平王时，伍奢及长子伍尚被害，伍子胥辗转逃亡到吴国，发誓为父兄报仇。他协助公子光(即吴王阖闾)刺杀吴王僚，夺取王位，并辅佐吴王阖闾整军经武，使吴国国势日益强盛。吴国攻破楚国，伍子胥掘开楚平王墓，鞭尸三百，报了父兄被杀的大仇。伍子胥因伐吴有功，被封于申，因此亦称申胥。后吴王夫差时，伍子胥劝吴王夫差拒绝越国求和并停止伐齐，夫差不听，渐被疏远，最后赐剑命他自杀。

②郢(yǐng)都：楚国的国都。

③申包胥：生卒年不详，楚国大夫，芈姓，名包胥，因封于申邑，故称申包胥。与伍子胥曾为好友。公元前506年，伍子胥以吴国军队攻打楚国，攻入楚国都城郢都，楚昭王出逃到随国。申包胥逃到山里，派人责备伍子胥。为了复国，申包胥来到秦国请求帮助，一开始秦王不答应，申包胥便在秦城墙外哭了七天七夜，滴水不进，终于感动了秦国君臣，秦哀公发战

车五百乘,遣大夫子满、子虎救楚。吴国因受秦楚夹击,加之国内内乱而退兵。楚昭王复国后要封赏申包胥,他坚持不受,带一家老小退入山中隐居。

④足恃:足以依赖,依靠。

⑤秦始皇(前259—前210):嬴姓,赵氏,名政。秦庄襄王之子。生于赵国都城邯郸。公元前247年,13岁的嬴政继承王位。从公元前230年起陆续兼并六国,结束东周战国诸侯纷争的局面,统一天下,称"始皇帝"。

⑥刘季:即汉高祖刘邦(前247—前195),沛县人,秦时任沛县泗水亭长。陈胜起义后不久,刘邦集合三千子弟,攻占沛县等地,称沛公。不久投奔项梁,被封为武安侯,统率砀郡兵马。公元前206年,刘邦军队进驻霸上,秦王子婴向刘邦投降。秦朝灭亡。鸿门宴后封为汉王,统治巴蜀地区及汉中一带。后击败项羽后,统一天下。公元前202年称帝,定都长安,史称西汉。

⑦梁武帝:萧衍(464—549),字叔达,南北朝时期梁朝政权的建立者。出身世家兰陵萧氏。原为南齐官员,南齐中兴二年(502),夺取齐政权,建立梁朝。在位时间达四十八年。前期任用陶弘景,颇有政绩。晚年爆发"侯景之乱",都城陷落,被侯景囚禁,死于台城。南齐:南北朝时的齐政权,是南朝的第二个政权,统治时间为479年至502年。

⑧侯景(503—552):本姓侯骨,字万景,朔州(今山西朔州)人,羯族。剽悍好武,擅长骑射,选为怀朔镇兵。北魏末年,爆发六镇起义,边镇各部胡族反抗北魏统治,侯景趁机建功立业。太清元年(547),率部投降梁朝,拜豫州刺史,驻守寿阳。太清二年(548),起兵叛乱,攻入建康,屠戮门阀世家。大宝二年(551),杀死梁武帝、简文帝和豫章王后,篡位自立,建立伪汉。其后,梁元帝率军攻破建康,平定侯景之乱。侯景为部下所杀。

⑨天道好还:指天道循环,报应不爽。天道指自然界或社会运行的规律。好还,指容易得到报应。

〔译文〕

伍子胥为了报父亲和兄长的大仇使得楚国的首都郢都毁灭,申包胥为了拯救君主的灾难使得楚国得以保存。由此可以知道人心的作用。秦始皇灭掉东周的那一年,刘邦出生;梁武帝灭掉南齐的那一年,侯景降生。由此可以知道天道循环往复,报应不爽。

十四　有才必韬藏，为学无间断

有才必韬藏[①]，如浑金璞玉[②]，暗然而日章也[③]；为学无间断，如流水行云[④]，日进而不已也[⑤]。

〔**注释**〕

①韬藏：隐藏的意思。

②浑金璞（pú）玉：未经提炼的金和未经琢磨的玉，比喻未加修饰的天然美质。

③日章：日见彰明，一天天显露出来。

④流水行云：流动的水和飘浮的云彩。

⑤已：停止的意思。

〔**译文**〕

有才华一定要隐藏起来，像未经提炼的金和未经琢磨的玉一样，看似暗淡无光但却能一天天显露出光彩。做学问只要不间断，就会像流水行云一样，一天天增进而不会停止。

十五　积善谋甚远，积财害无穷

积善之家[①]，必有余庆[②]；积不善之家，必有余殃[③]。可知积善以遗子孙[④]，其谋甚远也[⑤]。贤而多财，则损其志；愚而多财，则益其过[⑥]。可知积财以遗子孙，其害无穷也。

〔注释〕

①积善：累积善行。《易经》之《坤》卦："积善之家，必有余庆；积不善之家，必有余殃。"

②余庆：指留给子孙后辈的德泽。

③余殃：指留下的祸害，后患。

④遗：留给。

⑤谋：谋划，谋虑。

⑥益：增加。

〔译文〕

积累善行的人家，一定会有德泽福报。积累坏事的人家，一定会有灾殃后患。由此可知，积累善行留给子孙，这样的考虑是很长远的。子孙贤能的话，多给他财产只会消损他的志向；子孙愚笨的话，多给他财产只会增加他的过错。由此可知，积累财富留给子孙，其害处是无穷的。

十六　严厉易至成德，姑息多有败行

每见待子弟严厉者，易至成德[①]；姑息者[②]，多有败行[③]，则父兄之教育所系也。又见有子弟聪颖者，忽入下流[④]；庸愚者，转为上达[⑤]，则父兄之培植所关也[⑥]。

〔注释〕

①成德：盛德，大德。

②姑息：指无原则的宽容。

③败行：败坏的品行。

④下流：下品，劣等。

⑤上达：上进。

⑥培植：培养，扶植。

〔译文〕

每每见到对待子弟严厉的，子弟容易成就大德。对子弟无原则宽容的，子弟往往多有败坏的品行。这和父兄的教育关系很大。又见到有些很聪明的子弟，却忽然变得很差，那些愚笨的，反倒上进优秀。这和父兄的培养、扶植有关。

十七　读书无论资性高低，立身不嫌家世贫贱

读书无论资性高低[1]，但能勤学好问[2]，凡事思一个所以然，自有义理贯通之日[3]；立身不嫌家世贫贱[4]，但能忠厚老成[5]，所行无一毫苟且处[6]，便为乡党仰望之人[7]。

〔注释〕

①资性：资质，天赋。

②但：只要。

③义理：讲求儒家经义的学问。

④立身：处世为人。

⑤老成：稳重，持重。

⑥苟且：随便，马虎，敷衍了事。

⑦乡党：乡亲。

〔译文〕

读书不论天赋高低，只要能够勤学好问，凡事想一想所以如此的原因或道理，就总有学问贯通的那一天。为人处世不管家世贫贱，只要能够忠厚稳重，做事没有一点点儿马虎敷衍的地方，就能够成为乡亲敬仰的人。

十八 乡愿无非假面孔，鄙夫尽是俗心肠

孔子何以恶乡愿①，只为他似忠似廉，无非假面孔；孔子何以弃鄙夫②，只因他患得患失③，尽是俗心肠。

〔注释〕

①乡愿：指乡中貌似谨厚，而实与流俗合污的伪善者。《论语·阳货》："子曰：'乡原，德之贼者也。'"孔子认为乡愿是败坏道德的人。

②鄙夫：庸俗浅陋的人。《论语·子罕》："有鄙夫问于我，空空如也。"

③患得患失：生怕得不到，得到以后又生怕失掉。谓斤斤计较个人得失。《论语·阳货》："子曰：'鄙夫，可与事君也与哉？其未得之也，患得之；既得之，患失之。苟患失之，无所不至矣！'"

〔译文〕

孔子为什么讨厌乡愿，只是因为乡愿貌似忠厚和廉正，其实都是虚伪的表现。孔子为什么唾弃鄙夫，只是因为这些浅陋的人总是患得患失，斤斤计较，都是庸俗的想法。

十九　打算精明败家声，朴实浑厚培子孙

打算精明[①]，自谓得计[②]，然败祖父之家声者[③]，必此人也；朴实浑厚，初无甚奇，然培子孙之元气者[④]，必此人也。

〔注释〕

①打算：考虑，算计。

②自谓得计：自己觉得自己聪明得计。

③祖父：祖父和父亲。家声：家族世传的声名美誉。

④元气：指人的精神、精气。

〔译文〕

算计得很精明，自以为得计，然而败坏祖辈家族声誉的，一定就是这个人。朴实忠厚，初看上去没有什么奇特的，然而能够培养子孙精神的，一定是这个人。

二十　心能辨是非，人不忘廉耻

心能辨是非，处事方能决断①；人不忘廉耻，立身自不卑污②。

〔注释〕

①决断：果断。

②卑污：卑鄙龌龊。

〔译文〕

心能够明辨是非曲直，处理事情才能够果断。人不忘记礼义廉耻，处世为人才不会卑鄙龌龊。

二十一　忠孝非伶俐，仁义藏恶人

忠有愚忠[①]，孝有愚孝，可知忠孝二字，不是伶俐人做得来[②]；仁有假仁，义有假义，可知仁义两途，不无奸恶人藏其内。

〔注释〕

①愚忠：昧于事理的忠心。

②伶俐：机灵，灵活。

〔译文〕

忠有愚忠，孝有愚孝，因此可知忠孝这两个字，不是那些过分聪明的人所能做得来的。仁有假仁，义有假义，因此可知仁义这两条路子也不是没有奸恶的人藏在里面。

二十二　权势之徒作威福，奸邪之辈起风波

权势之徒[1]，虽至亲亦作威福[2]，岂知烟云过眼，已立见其消亡；奸邪之辈，即平地亦起风波，岂知神鬼有灵，不肯听其颠倒。

〔注释〕

①权势：权力和势力。

②至亲：最亲近的人。

〔译文〕

那些权势之徒，即使面对最亲近的人，也习惯于作威作福，哪里知道权势不过是过眼云烟，很快就能看到它的消亡。那些奸邪之辈，即使是平白无故也要没事找事闹乱子，哪里知道鬼神都是有灵气的，不会听他随意颠倒黑白。

二十三　富贵不着意，忠孝不离心

自家富贵，不着意里[①]，人家富贵，不着眼里，此是何等胸襟[②]；古人忠孝，不离心头，今人忠孝，不离口头，此是何等志量[③]。

〔注释〕

①意里：心里。

②胸襟：胸怀。

③志量：志向，抱负。

〔译文〕

自己家富贵，不挂在心上；别人家富贵，不盯在眼里，这是何等胸怀！古代人的忠孝，常挂在心上；现代人的忠孝，常挂在嘴上，这是什么志向！

二十四　物命可惜，人心可回

王者不令人放生[①]，而无故却不杀生[②]，则物命可惜也[③]；圣人不责人无过[④]，惟多方诱之改过[⑤]，庶人心可回也[⑥]。

〔**注释**〕

①放生：把捕获的动物放掉。传统认为放生是一种善举。

②杀生：宰杀动物。佛家用以指杀害生灵。

③可惜：应予爱惜。

④责：要求，期望。

⑤诱：诱导，教导。

⑥庶人：平民百姓。回：改变。

〔**译文**〕

王者不让人放生，但也不会无缘无故杀生，万物的生命都是值得珍惜的。圣人不要求人没有过错，只是多方面想办法教导人们改正错误，老百姓的想法是可以改变的。

二十五　论是非，贵平正

大丈夫处事[①]，论是非，不论祸福；士君子立言[②]，贵平正[③]，尤贵精详[④]。

〔注释〕

①大丈夫：指有志气、有节操、有作为的人。

②士君子：指有学问而品德高尚的人。立言：著书立说。

③平正：公平正直。

④精详：精细周详。

〔译文〕

大丈夫处理事情，讲究的是正确还是错误，而不考虑是福是祸。士君子著书立说，贵在公平正直，尤其注重精细周详。

二十六　琴书之乐，经济之才

求科名之心者[①]，未必有琴书之乐；讲性命之学者[②]，不可无经济之才[③]。

〔注释〕

①科名：科举功名。

②性命：中国古代哲学范畴，指万物的天赋和禀受。宋明以来理学家专意研究性命之学，因此，性命之学用以指理学。

③经济：经世济民，治理国家。

〔译文〕

存有追求科举功名之心的人，不一定能体会到弹琴读书的乐趣。研究性命之学的人，不能没有治理国家的才干。

二十七　泼妇伎俩静镇之，谗人情形淡置之

泼妇之啼哭怒骂，伎俩要亦无多[①]，惟静而镇之[②]，则自止矣。谗人之簸弄挑唆[③]，情形虽若甚迫[④]，苟淡而置之[⑤]，是自消矣。

〔注释〕

①伎(jì)俩：手段，花招。
②镇：压服，平定。
③簸(bǒ)弄：拨弄，指造谣生事，颠倒是非。
④迫：紧急，急迫。
⑤置：处置，处理。

〔译文〕

泼妇的啼哭怒骂，花招想来也并不多，只要靠沉静压制她，她自己就会停止。讲谗言的小人搬弄是非挑拨教唆，情况虽然好像很紧急，如果能够淡然处之，是非自然就会消失。

二十八　救人菩萨，脱身英雄

肯救人坑坎中[①]，便是活菩萨[②]；能脱身牢笼外[③]，便是大英雄。

〔注释〕

①坑坎：洼地，坑穴，比喻困境。

②活菩萨：比喻心地善良，能解救别人于急难的人。

③牢笼：关禽兽的笼槛，比喻困境。

〔译文〕

愿意把别人从困境中拯救出来的人，就是活菩萨。能够自己从困境中脱身的人，就是大英雄。

二十九　气性乖张多夭亡，语言深刻终薄福

气性乖张①，多是夭亡之子；语言深刻②，终为薄福之人。

〔注释〕

①气性：脾气，性格。乖张：指性情执拗、怪僻。

②深刻：过分刻薄。

〔译文〕

脾气性格执拗怪僻的人，大多短命早死。说话过分刻薄的人，往往多灾少福。

三十　志不可不高，心不可太大

志不可不高，志不高，则同流合污[①]，无足有为矣；心不可太大，心太大，则舍近图远[②]，难期有成矣[③]。

〔注释〕

①同流合污：随俗浮沉，混同于世俗。

②舍近图远：好高骛远，不能立足眼前脚踏实地。

③期：期望，指望。

〔译文〕

一个人的志向不能够不高，志向不高的话，就容易随波逐流，混同于世俗，很难有大的成就。一个人的心气不能够太大，心气太大的话，就会好高骛远，不能够脚踏实地，很难指望能够成功。

三十一　贫贱非辱，富贵非荣

贫贱非辱[①]，贫贱而谄求于人者为辱[②]；富贵非荣[③]，富贵而利济于世者为荣[④]。讲大经纶[⑤]，只是实实落落；有真学问，决不怪怪奇奇。

〔注释〕

①辱：耻辱，丢人。

②谄（chǎn）求：谄媚奉承乞求。

③荣：光荣，光彩。

④利济：救济，施恩泽。

⑤经纶：指治理国家的抱负和才能。

〔译文〕

贫贱本身不是什么耻辱的事，因为贫贱就去谄媚逢迎别人才是耻辱。富贵本身不是什么光荣的事，利用自己的财富来救济社会才是光荣。讲求治理国家的经纶大才，只需要实实在在。真有学问的人，决不会怪怪奇奇，哗众取宠。

三十二　即物穷理，顾名思义

古人比父子为桥梓[①]，比兄弟为花萼[②]，比朋友为芝兰[③]，敦伦者[④]，当即物穷理也[⑤]；今人称诸生曰秀才[⑥]，称贡生曰明经[⑦]，称举人曰孝廉[⑧]，为士者，当顾名思义也。

〔注释〕

①桥梓(zǐ)：又作“乔梓”，即乔木和梓木。据《文选》李善注引《尚书·大传·梓材》，周公的儿子伯禽随康叔去见周公，被周公痛打了三次。伯禽就去问商子个中缘故。商子让伯禽去南山的阳面看乔木，到北山的阴面看梓木。伯禽看到乔木生得很高，树是仰着的；梓木长得很低，是俯着的，就回来告诉商子。商子就对伯禽说，乔木仰起，就是做父亲的道理。梓木俯着，就是做儿子的道理。第二天，伯禽再去见周公，一进门就很快走上前去，一登堂就跪下了。周公称赞他受了君子的教导。后世因此称父子为桥梓。

②花萼(è)：花和萼。萼是花的组成部分之一，由若干萼片组成，包在花瓣外面，花开时托着花冠。《诗·小雅·常棣》：“常棣之华，鄂不韡韡。凡今之人，莫如兄弟。”萼和花同生一枝，且有保护花瓣的作用，所以后来常以“花萼”比喻兄弟或兄弟间和睦友爱的情谊。

③芝兰：芝和兰都是香草。因此常以此喻优秀子弟。知心朋友称为

"兰交"。

④敦伦:敦睦人和人之间的关系。伦,指伦理关系。

⑤即物穷理:程朱理学的主要范畴之一。认为"理"在物先,事事物物皆是"理"的表现,要依据具体事物穷究其中的"理"。

⑥诸生:明清两代称已入学的生员为诸生。

⑦贡生:指科举时代,考选府、州、县生员(秀才)送到国子监(太学)肄业的人。明经:汉代以明经射策取士。隋唐及宋代前期科举取士分明经、进士两科。以经义取者为明经,以诗赋取者为进士。明、清两代,明经成为对贡生的尊称。

⑧举人:明清两代称乡试录取者为举人。孝廉:孝,指孝悌者;廉,指清廉之士。孝廉为汉代选拔人才的科目,也指被推选的士人。明清时期,孝廉成为对举人的别称。

〔译文〕

古人把父子比喻为乔木和梓木,把兄弟比喻为花和萼,把朋友比喻为芝和兰。想要敦睦人伦关系的人,应该从这些比喻的事物中领略社会伦理关系的道理内涵。现在的人称诸生为秀才,称贡生为明经,称举人为孝廉,作为读书人,应该从这些称呼中思考名称所蕴含的意义。

三十三　父兄教子弟，君子处小人

父兄有善行，子弟学之或不肖[①]；父兄有恶行，子弟学之则无不肖。可知父兄教子弟，必正其身以率之[②]，无庸徒事言词也[③]。君子有过行[④]，小人嫉之不能容；君子无过行，小人嫉之亦不能容。可知君子处小人，必平其气以待之，不可稍形激切也[⑤]。

〔注释〕

①不肖：不像。

②率：作表率。

③无庸：不必，无须。

④过行：错误的行为。

⑤形：流露，显示。

〔译文〕

父兄有好的行为，子弟们学起来或许不像；父兄有不好的行为，子弟们则学得可像了。由此可知，父兄教育子弟，一定要端正自身，为子弟们做好表率，无须白费口舌。君子有错误的行为，小人会嫉妒，不能包容；君子没有错误的行为，小人也会嫉妒，仍然容不下君子。由此可知，君子对待小人，一定要平心静气地对待，不能表现出一点儿激动着急的样子。

三十四　守身不敢妄为，创业还须深虑

守身不敢妄为[①]，恐贻羞于父母[②]；创业还须深虑，恐贻害于子孙[③]。

〔**注释**〕

①守身：保持品德和节操。妄为：胡乱行事。

②贻羞：使蒙受羞辱。

③贻害：使遭受祸害。

〔**译文**〕

保持品德节操，不可以胡乱行事，不然恐怕会让父母蒙受羞辱。创业必须要深谋远虑，否则就会为子孙留下祸患。

三十五　做人不可有势利气，习业不可有粗浮心

无论做何等人，总不可有势利气[①]；无论习何等业，总不可有粗浮心[②]。

〔注释〕

①势利：指以地位、财产等分别对待人的恶劣表现或作风。

②粗浮：粗心浮躁。

〔译文〕

不论做什么样的人，总不能有势利的习气。不论从事什么行业，总不能有粗率浮躁的心思。

三十六　不敢虚骄，可以发愤

知道自家是何等身分，则不敢虚骄矣[1]；想到他日是那样下场，则可以发愤矣。

〔注释〕

①虚骄：虚荣，骄纵。

〔译文〕

知道自己是什么身份，就不敢虚荣、骄纵。想到将来是怎样的下场，就可以发愤努力了。

三十七　心动于警励，势成于因循

常人突遭祸患，可决其再兴[①]，心动于警励也[②]。大家渐及消亡[③]，难期其复振，势成于因循也[④]。

〔注释〕

①决：判断。

②警励：告诫勉励。

③大家：大户人家，豪门巨室。

④因循：沿袭，守旧。

〔译文〕

普通人突然遭遇灾难祸患的打击，他一定可以再度振作起来，因为他的心能被告诫勉励所触动。豪门大户渐渐衰败消亡，很难指望他再度振作，因为他已养成因循守旧的态势。

三十八　生命有穷期，学问无定数

天地无穷期，生命则有穷期，去一日，便少一日；富贵有定数[1]，学问则无定数，求一分，便得一分。

〔注释〕

①定数：命定的气数。

〔译文〕

天地是无限的，没有穷尽；生命则是有限的，总有穷尽的时候，过去一天，就少一天。富贵是有定数的，学问则是没有定数的，追求一分，就能得到一分。

三十九　心过得去，身做得来

处事有何定凭[①]，但求此心过得去；立业无论大小，总要此身做得来。

〔注释〕

①定凭：一定的根据、准则。

〔译文〕

为人处事并没有统一的标准，只要求自己心里过得去就行；干事业不管是大是小，总要自己能做得来才行。

四十　气性不和无足取，语言矫饰属可疑

气性不和平[①]，则文章事功[②]，俱无足取[③]；语言多矫饰[④]，则人品心术，尽属可疑。

〔注释〕

①气性：气质，性情。和平：温和，平静。
②文章：指才学。事功：功绩，功业。
③取：取法，效仿。
④矫饰：造作夸饰，掩盖真相。

〔译文〕

如果一个人的性情气质不平和，那他的才学功业也没什么可以让人学习的。如果一个人的语言太过虚夸，那这个人的人品心术也很可疑。

四十一　聪明何若守拙，滥交不如读书

误用聪明，何若一生守拙①；滥交朋友，不如终日读书。

〔注释〕

①守拙：安于愚拙，不学巧伪，不争名利。

〔译文〕

错用了聪明，哪里比得上安守愚拙。乱交朋友，还不如一天到晚多读些书。

四十二　放开眼孔,立定脚跟

看书须放开眼孔[①],做人要立定脚跟[②]。

〔注释〕

①眼孔:眼界,见识。

②脚跟:比喻立足点或立场。

〔译文〕

读书必须放开眼界,做人一定要站稳立场。

四十三　持身贵严不可矜，处世贵谦不可谄

严近乎矜[①]，然严是正气，矜是乖气[②]，故持身贵严[③]，而不可矜。谦似乎谄[④]，然谦是虚心，谄是媚心，故处世贵谦，而不可谄。

〔注释〕

①矜(jīn)：矜持，傲慢。
②乖气：乖张的习气，邪气。
③持身：立身，修身。
④谄(chǎn)：奉承。

〔译文〕

严肃近似于矜持傲慢，但严肃是正气，傲慢是邪气，因此修身贵在严肃而不能傲慢。谦逊近似于奉承，但谦逊是虚心，奉承是媚心，因此处世贵在谦虚，而不能谄媚。

四十四　善用其财，无愧其禄

财不患其不得[1]，患财得，而不能善用其财；禄不患其不来[2]，患禄来，而不能无愧其禄。

〔注释〕

①患：忧虑，担心。

②禄：俸禄，古代官员所得的工作报酬。

〔译文〕

财富不用担心得不到，应该担心得到了财富却不能很好地利用。俸禄不用担心来不了，应该担心的是俸禄来了而不能无愧于所拿的俸禄。

四十五　增体面不如益身心,求显荣不如立品行

交朋友增体面,不如交朋友益身心;教子弟求显荣[①],不如教子弟立品行。

〔注释〕

①显荣:显赫荣耀。

〔译文〕

通过交朋友增加自己的面子,不如通过交朋友有益身心。教育子弟追求显赫荣耀,不如教育子弟树立良好的品行。

四十六　君子存心凭忠信，小人处世设机关

君子存心[①]，但凭忠信，而妇孺皆敬之如神，所以君子落得为君子；小人处世，尽设机关[②]，而乡党皆避之若鬼，所以小人枉做了小人。

〔注释〕

①存心：居心，指心中所怀的意念。

②机关：心机，计谋。

〔译文〕

君子所怀的心思，只是一腔忠信，而妇女小孩都像尊敬神一样尊敬君子，因此这就是君子被称为君子的原因了。小人处世，总是耍心计，而乡亲们都像躲避鬼一样躲避小人，因此小人也是白白做了小人。

四十七　求个良心管我，留些余地处人

求个良心管我，留些余地处人①。

〔注释〕

①处人：对待人。

〔译文〕

要用良心管理自己，留出些余地对待别人。

四十八　一言足以召大祸，一行足以玷终身

一言足以召大祸，故古人守口如瓶[①]，惟恐其覆坠也[②]；一行足以玷终身[③]，故古人饬躬若璧[④]，惟恐有瑕疵也[⑤]。

〔注释〕

①守口如瓶：形容说话谨慎，不轻易出言。

②覆坠：倾覆坠落。

③玷：玷污。

④饬（chì）躬：警饬自身，使自己的思想言行谨严合礼。

⑤瑕疵：玉的斑痕，此处比喻人的过失或缺点。

〔译文〕

一句话不注意就可能招来大祸，因此古人都守口如瓶，不轻易说话，唯恐不小心祸从口出，不可收拾。一个行为不注意就可能玷污一生，因此古人像保护玉璧一样严守自身行为，唯恐造成过失。

四十九　处横逆之方，守贫穷之法

颜子之不较[①]，孟子之自反[②]，是贤人处横逆之方[③]；子贡之无谄[④]，原思之坐弦[⑤]，是贤人守贫穷之法。

〔注释〕

①颜子之不较：颜子，指孔子的弟子颜回（前521—前481），字子渊，鲁国宁阳（今山东宁阳）人，是孔子最得意的门生。以安贫乐道、品行高尚著称。孔子的另一弟子曾子认为颜回“犯而不较”（《论语·泰伯》），即冒犯了他也不计较。

②孟子：孟子（约前372—前289），名轲，字子舆，战国时期邹国（今山东邹城）人。伟大的思想家、教育家，儒家学派的代表人物，与孔子并称“孔孟”。后世尊称其为“亚圣”。孟子认为君子应该“自反”，即自我反思，反省。

③横逆：横暴无理的行为。《孟子·离娄下》：“有人于此，其待我以横逆，则君子必自反也。”意为有人在这里以横暴无理的行为对待我，那么作为君子，我就要自我反省。

④子贡：即孔子的弟子端木赐（前520—前456），字子贡。春秋末年卫国（今河南鹤壁浚县）人。孔子的得意门生，以言语闻名，利口巧辞，善于雄辩，且有干济才，办事通达，曾任鲁国、卫国之相。他还善于经商之道，富致千金，为孔子弟子中首富。他曾问孔子：“贫而无谄，富而无骄，何如？”即贫穷但是不谄媚，富贵但不骄横，怎么样？孔子回答他：“可也，未若贫而乐，富

而好礼者也。”即说也可以，但是不如贫穷但能够快乐，富贵但能够讲礼。

⑤原思：原宪（前 515—？），字子思，春秋末年宋国商丘人。孔子弟子，孔门七十二贤之一。出身贫寒，个性狷介，一生安贫乐道，不肯与世俗合流。孔子为鲁司寇时，曾做过孔子的家宰，孔子给他九百斛的俸禄，他推辞不要。据《庄子》记载，原宪居住在鲁国的时候，居处房屋墙上都长满了草，连个像样的门窗都没有。屋顶漏雨，地面潮湿，但原宪仍然端端正正地坐着弹琴唱歌。子贡乘着大马，穿着高档的衣服去见他，坐的大车都无法进到原宪的小巷子中。原宪戴着桦树皮做的帽子，穿着没后跟的鞋子，拄着黎杖来给子贡开门，子贡问他：“你这是得了什么病啊？”原宪回答：“我听说，没钱是贫穷，学到做不到才是病。我只是贫穷，并不是病。”子贡听了，面有愧色。

〔译文〕

颜回的犯而不较，孟子的自我反省，都是贤人对待横暴无理行为的做法。子贡的贫穷而不奉承谄媚，子思的贫穷仍能端坐弦歌，都是贤人对待贫穷的做法。

五十　俯仰间皆文章，游览处皆师友

观朱霞[①]，悟其明丽；观白云，悟其卷舒；观山岳，悟其灵奇；观河海，悟其浩瀚，则俯仰间皆文章也[②]。对绿竹得其虚心；对黄华得其晚节[③]；对松柏得其本性；对芝兰得其幽芳，则游览处皆师友也。

〔**注释**〕

①朱霞：红霞。

②俯仰：低头和抬头。

③黄华：即黄花，指菊花。

〔**译文**〕

观看红霞，可以体会到它的明净美丽；观看白云，可以体会到云卷云舒；观看高山，可以体会到它的灵妙奇异；观看河流大海，可以体会到它的浩瀚。所以在低头抬头之间，到处都是好文章啊。对着中空的绿竹，可以领略到它的虚心；对着秋天的黄菊，可以领略到它晚年的节操；对着翠绿的松柏，可以领略到它坚强的本性；对着幽香的芝兰，可以领略到它高洁的芳香。所以游览到的地方到处都是良师益友啊！

五十一　行善快意，逞奸坏心

行善济人[1]，人遂得以安全，即在我亦为快意[2]；逞奸谋事[3]，事难必其稳便[4]，可惜他徒自坏心。

〔注释〕

①济人：救助别人。
②快意：快乐。
③逞奸：肆意地做奸邪之事。
④稳便：稳妥。

〔译文〕

做好事救助别人，别人就能够得以平安保全，即使对自己来说也是一件快乐开心的事。肆意地以奸邪谋划事情，事情也未必一定能够稳妥如愿，可惜他白白坏了自家的心思。

五十二　吉凶可鉴,细微宜防

不镜于水,而镜于人,则吉凶可鉴也[①];不蹶于山[②],而蹶于垤[③],则细微宜防也。

〔注释〕

①鉴:引为教训。
②蹶(jué):跌倒。
③垤(dié):小土堆。

〔译文〕

不以水为镜,而以人为镜,那么吉凶成败都能够引以为教训。没在山上跌倒,反倒在小土堆上跌倒了,因此,越细微的地方越需要注意提防。

五十三　谨守规模不大错，但足衣食称小康

凡事谨守规模①，必不大错；一生但足衣食，便称小康。

〔注释〕

①规模：规定，制度。

〔译文〕

什么事情只要谨慎地遵守规章制度，就一定不会犯什么大错。一辈子只要有吃有穿，就可以称得上小康。

五十四　不耐烦乃为大病，学吃亏是处事良方

十分不耐烦，乃为人之大病①；一味学吃亏，是处事之良方②。

〔注释〕

①病：毛病，缺点。

②良方：疗效好的药方，指好办法。

〔译文〕

对人十分不耐烦，是为人的大毛病。什么事都学着吃亏，是处事的好办法。

五十五　当知读书之乐，不邀为善之名

习读书之业，便当知读书之乐；存为善之心，不必邀为善之名[①]。

〔注释〕

①邀：谋求。

〔译文〕

既然把读书作为自己的事业，就应该知道读书的乐趣。保持做善事的心思，不一定要谋求做善事的名声。

五十六　知非学进，见多德进

知往日所行之非，则学日进矣；见世人可取者多[1]，则德日进矣。

〔注释〕

①可取：值得学习或赞许。

〔译文〕

能够知道以前所做的事错在哪里，学问就能够一天天不断进步。见到的世人可取之处多了，品德就能够一天天进步。

五十七　敬他人，靠自己

敬他人，即是敬自己；靠自己[1]，胜于靠他人。

〔注释〕

①靠：依靠。

〔译文〕

尊敬他人，就是尊敬自己。依靠自己，胜过依靠他人。

五十八　待人之道，修己之功

见人善行，多方赞成；见人过举[①]，多方提醒。此长者待人之道也[②]。闻人誉言[③]，加意奋勉；闻人谤语[④]，加意警惕。此君子修己之功也[⑤]。

〔注释〕

①过举：错误的举动。

②长者：指品德高尚令人尊敬的人。

③誉言：赞美的话。

④谤语：不好的话，指责或批评的话。

⑤修己：自我修养。

〔译文〕

看到人做好事，要多加赞美；看到人举止有错，要多方提醒。这是忠厚长者的待人之道。听到别人的夸奖，要更加发奋努力；听到别人的批评，则要更加留心自己的行为。这是君子自我修养的功夫。

五十九　奢侈悭吝败家，精明庸愚覆事

奢侈足以败家，悭吝亦足以败家[①]。奢侈之败家，犹出常情，而悭吝之败家，必遭奇祸[②]。庸愚足以覆事[③]，精明亦足以覆事。庸愚之覆事，犹为小咎[④]，而精明之覆事，必是大凶[⑤]。

〔注释〕

①悭（qiān）吝：吝啬，小气。

②奇祸：意外的灾祸。

③庸愚：平庸愚笨。覆事：坏事，把事情办坏。

④小咎（jiù）：小错。

⑤大凶：凶祸，死灭。

〔译文〕

奢侈会导致家庭衰败，吝啬也会导致家庭衰败。奢侈败家，还算是正常情况，而吝啬败家，有可能遭到意外的灾祸。愚笨会导致坏事，精明也会导致坏事。因为愚笨坏事，还算是小错，而精明坏事，弄不好会是大灾。

六十　廛市为败路，词讼入下流

种田人，改习廛市生涯[1]，定为败路[2]；读书人，干与衙门词讼[3]，便入下流[4]。

〔注释〕

①廛(chán)市：商肆集中之处，商品交易之所。

②败路：失败的道路。

③干：参与。词讼：狱词诉讼，打官司。

④下流：卑贱末流。

〔译文〕

种田的人改行去做生意，一定会走向失败的道路。读书的人参与衙门官司诉讼，人品也就入了卑贱末流。

六十一　境界命运可知足，德业学问可自惭

常思某人境界不及我①，某人命运不及我，则可以知足矣；常思某人德业胜于我②，某人学问胜于我，则可以自惭矣。

〔注释〕

①境界：境况。

②德业：德行与功业。

〔译文〕

常想一想某人的境况不如我，某人的命运不如我，就能够知足常乐。常想一想某人的德行功业胜过我，某人的学问胜过我，就会自惭形秽，发愤图强。

六十二　舍钱为义士，舍命为忠臣

读《论语》公子荆一章[①]，富者可以为法[②]；读《论语》齐景公一章[③]，贫者可以自兴[④]。舍不得钱，不能为义士[⑤]；舍不得命，不能为忠臣。

〔注释〕

①公子荆：春秋时期卫国的公子。《论语·子路》篇孔子谈到公子荆，认为公子荆善于持家，刚有一点儿，就说够多了；再多一点儿，就说够全了；更多一点儿，便说够美了。

②为法：作为榜样。

③齐景公：齐景公（？—前490），春秋时期齐国君主，在位五十八年，既有治国壮志，又贪图享乐。统治期间治安相对稳定。《论语·季氏》篇说齐景公有马四千匹，但死了之后，谁都不觉得他有什么好行为可以称述；而伯夷、叔齐两人饿死在首阳山下，大家到现在还称颂他们。

④兴：振作，奋发。

⑤义士：侠义之士。

〔译文〕

读《论语》中公子荆那一章，富有的人可以把公子荆作为学习的榜样。读《论语》中齐景公那一章,贫穷的人可以从中得到振作奋发的力量。舍不得钱,做不了侠义之士;舍不得命,做不了国之忠臣。

六十三　忠厚谦恭无大患,节俭简省可久延

富贵易生祸端①,必忠厚谦恭,才无大患②;衣禄原有定数③,必节俭简省,乃可久延④。

〔注释〕

①祸端:灾祸的开端。

②大患:大的祸患、灾难。

③衣禄:衣食福分。定数:气数,命运。宿命论认为国家的兴亡、人世的祸福皆由天命或某种不可知的力量所决定,因称为“定数”。

④久延:长久。

〔译文〕

富贵容易生出祸端来,一定要忠诚厚道谦虚恭敬,才能够无灾无难。人的衣食福分原本都是有定数的,一定要节俭简省,才能够福寿绵长。

六十四　作善降祥，不善降殃

作善降祥[1]，不善降殃[2]。可见尘世之间，已分天堂地狱。人同此心，心同此理。可知庸愚之辈，不隔圣域贤关[3]。

〔注释〕

①降祥：降下吉祥。

②降殃：降下灾祸。

③圣域：指圣人的境界。贤关：进入仕途的门径。

〔译文〕

多做好事老天就会降下福分吉祥，多做坏事老天就会降下灾难祸殃。可见在世俗社会里已经分好了天堂和地狱。人心都是相同的，道理也都是一样的。由此可知平庸愚笨之人和圣人境界、仕途门径也没有完全隔绝。

六十五　和平处事，正直居心

和平处事[①]，勿矫俗以为高[②]；正直居心[③]，勿设机以为智[④]。

〔注释〕

①和平：温和，平心静气。

②矫俗：矫正世俗，违俗立异。

③居心：心地，存心。

④设机：设置机关，使用心机。

〔译文〕

平心静气地处事，不要把违背世俗、标新立异当作高明。心地要正直，不要把使用心机当作聪明。

六十六　名教为乐，悲悯为心

君子以名教为乐[1]，岂如嵇、阮之逾闲[2]；圣人以悲悯为心[3]，不取沮、溺之忘世[4]。

〔注释〕

①名教：名分与教化。指以正名定分为主的儒家纲常礼教。

②嵇(jī)、阮：嵇康和阮籍。嵇康(224—263)，字叔夜。谯国铚县(今安徽宿州)人。三国曹魏时期著名的思想家、音乐家、文学家。娶魏武帝曹操曾孙女长乐亭主为妻，拜郎中，调中散大夫，世称嵇中散。后隐居不仕，屡拒为官。因得罪司隶校尉锺会，遭其构陷，而被掌权的大将军司马昭处死，时年四十岁。阮籍(210—263)，字嗣宗，陈留尉氏(今河南开封)人。三国曹魏时期诗人。封关内侯，徙散骑常侍。后为东平相，步兵校尉。世称阮步兵。嵇康与阮籍齐名，为“竹林七贤”的精神领袖，主张“越名教而任自然”，即超越纲常礼教，让人的自然本性自由发展。

③逾闲：越出法度，不讲规矩。

④悲悯：慈悲怜悯。

⑤沮、溺：长沮、桀溺，春秋时期的两位隐士。《论语·微子》篇中记载长沮、桀溺两人一同耕田，孔子从那儿经过，让子路去问渡口在哪儿。长沮问：“那位驾车的是谁？”子路说是孔子。长沮说那他应该知道渡口在哪儿。又问桀溺。桀溺问：“你是谁？”子路说是孔子的弟子子路。桀溺说，整个社会像滔滔洪水一样坏得不成样子，谁能改变？你与其跟着孔子做逃避坏人

的人，不如跟着我们做逃避社会的人。子路回去报告给孔子，孔子惆怅地说："我们总不能和飞禽鸟兽一起，不跟人在一起跟谁在一起呢？如果天下太平，也就用不着我们来改变了。"忘世：忘却世情，不关心世事。

〔译文〕

君子应该把儒家的伦理纲常作为一种乐趣，怎么能像嵇康、阮籍那样越出法度不讲规矩呢？圣人应该怀着一片慈悲怜悯之心，怎么能像长沮、桀溺那样不关心社会世事呢？

六十七　偷安败门庭,谋利伤骨肉

纵子孙偷安①,其后必至耽酒色而败门庭②;教子孙谋利,其后必至争赀财而伤骨肉③。

〔注释〕

①偷安:只图目前的安逸享受。

②耽酒色:沉溺于美酒女色。

③赀(zī)财:钱财,财物。骨肉:比喻至亲,指父母兄弟子女等亲人。

〔译文〕

纵容子孙贪图目前的安逸享受,以后子孙一定会因为沉溺于美酒女色败坏家庭门风。一味地教子孙谋取利益,以后子孙一定会因为争钱财家产而伤害骨肉至亲。

六十八　谨守父兄教条,不改祖宗成法

谨守父兄教条[①],沉实谦恭,便是醇潜子弟[②];不改祖宗成法[③],忠厚勤俭,定为悠久人家[④]。

〔注释〕

①教条:教导的信条。

②醇潜:醇厚专一。

③成法:既定之法,现成的法规。

④悠久:长久。

〔译文〕

谨慎地遵守父兄所教导的信条,沉稳诚实、谦虚恭敬,就是醇厚专一的子弟。不改变祖宗定下来的现成法规,忠诚厚道、勤奋俭朴,一定能成为长久的人家。

六十九　富贵而收敛，困穷而振兴

莲朝开而暮合，至不能合，则将落矣，富贵而无收敛意者[1]，尚其鉴之[2]。草春荣而冬枯[3]，至于极枯，则又生矣，困穷而有振兴志者，亦如是也。

〔注释〕

①收敛：检点行为，约束身心。

②尚：也许可以，希望能够。

③荣：繁茂，茂盛。

〔译文〕

莲花早晨开放，傍晚合拢，等到不能合拢的时候，也就将要凋落了，富贵却没有约束收敛之意的人，也许由此可以得到启发借鉴。草春天的时候茂盛而到冬天的时候就会枯萎，等枯萎到极点的时候，又到了重生的时候，困穷却有振兴志向的人，也会像草这样。

七十　自伐自矜可为戒，讲仁讲义不远求

伐字从戈[①]，矜字从矛[②]，自伐自矜者[③]，可为大戒[④]；仁字从人，义字从我，讲仁讲义者[⑤]，不必远求。

〔注释〕

①戈：古代的重要兵器。其突出部分名援，援上下皆刃，用以横击和钩杀。

②矛：古代的主要兵器。在长柄上装以矛头，用于刺杀。

③自伐：自夸。自矜：自负。

④大戒：重要的鉴戒。

⑤仁：仁爱，相亲。仁是古代一种含义极广的道德观念，其核心指人与人相互亲爱。孔子以此作为最高的道德标准。义：正义，也是儒家推崇的一种道德规范。

〔译文〕

“伐”字有“戈”字旁，“矜”字有“矛”字旁（戈、矛都是尖利的武器），自伐自矜的人，可以此作为重要的鉴戒。“仁”字有“人”字旁，“义”字有“我”字旁（义的繁体字作“義”），讲求仁义的人，不需要到远处去找，从自身做起就好。

七十一　贫寒更须读书,富贵不忘艰辛

家纵贫寒[①],也须留读书种子[②];人虽富贵,不可忘稼穑艰辛[③]。

〔注释〕

①纵:纵使,即使。

②读书种子:读书人,能读书做学问的人。

③稼穑(sè):耕种和收获。泛指农业劳动。

〔译文〕

家里即使再贫寒,也应该留下读书做学问的人。人虽然富贵,也不能忘记农活的艰难辛苦。

七十二　俭可养廉，静能生悟

俭可养廉①，觉茅舍竹篱②，自饶清趣③；静能生悟，即鸟啼花落，都是化机④。

〔注释〕

①养廉：培养并保持廉洁的美德。
②茅舍：茅屋。
③清趣：清新雅致的情趣。
④化机：自然形成的造化机巧。

〔译文〕

节俭可以培养出廉洁高尚的品德，感觉茅草的屋子、竹做的篱笆也自有一番清新雅致的乐趣。沉静能生发出感悟，就连鸟鸣花落这些平常的事物，也都显现出大自然的机巧。

七十三　存心方便即长者，虑事精详是能人

济世虽乏赀财[①]，而存心方便[②]，即称长者；生资虽少智慧[③]，而虑事精详，即是能人。

〔注释〕

①济世：救世，救济世人。
②方便：给人便利或帮助。
③生资：天资，天赋。

〔译文〕

虽然救助世人缺乏钱财，但只要存着一片给人方便、乐于助人的心思，就可以算得上令人尊敬的长者。天生资质虽然缺少聪明智慧，但只要考虑事情精细周详，就算得上是能人。

七十四　常怀振卓心，多说切直话

一室闲居，必常怀振卓心[1]，才有生气[2]；同人聚处[3]，须多说切直话[4]，方见古风[5]。

〔注释〕

①振卓：振奋。

②生气：活力，生命力。

③聚处：相处。

④切直：恳切，直率。

⑤古风：古人之风。指质朴淳古的风气。

〔译文〕

在一个房间里闲住，一定要常怀着振奋向上的心思，才有活力和生机。同人相处，必须多说恳切率直的话，才能显现出质朴淳古的风气。

七十五　不骄不吝，若无若虚

观周公之不骄不吝[①]，有才何可自矜[②]；观颜子之若无若虚[③]，为学岂容自足[④]。门户之衰，总由于子孙之骄惰[⑤]；风俗之坏，多起于富贵之奢淫[⑥]。

〔注释〕

①周公：周公，姬姓，名旦，周文王姬昌第四子，周武王姬发之弟。曾两次辅佐周武王东伐商纣王，并制作礼乐。因其采邑在周，爵为上公，故称周公。是西周初期杰出的政治家、军事家、思想家、教育家，被尊为“元圣”。《论语·泰伯》载孔子说：“即使有周公那样的才华和美德，只要骄傲和吝啬，那别的方面也就不值得看了。”《逸周书》载周公说：“不骄不吝，才没有敌手。”不骄不吝：不骄傲，不吝啬。

②自矜：自负，自夸。

③若无若虚：有若无，实若虚。即有学问谦虚得像没学问一样，满腹知识却谦虚得像空无所有一样。《论语·泰伯》篇记载曾子认为颜回就是这样的人。

④自足：自我满足。

⑤骄惰：骄纵怠惰。

⑥奢淫：奢侈淫逸。

〔译文〕

看看周公那么伟大有才华的人还不骄傲不吝啬，怎么能有点才华就自负呢？看看颜回那么有学问的人还谦虚得像没有学问一样，做学问怎么能够轻易满足呢？家族的衰落，总是由于子孙后代的骄傲怠惰；风俗的败坏，大多起源于富贵人家的奢侈淫逸。

七十六　孝子忠臣，圣经贤传

孝子忠臣，是天地正气所钟[①]，鬼神亦为之呵护；圣经贤传[②]，乃古今命脉所系[③]，人物悉赖以裁成[④]。

〔注释〕

①天地正气：充塞天地之间的至大至刚之气。体现于人则为浩然的气概，刚正的气节。钟：汇聚，集中。

②圣经贤传：指圣人传下来的经典和贤人阐释的著作。

③命脉：生命血脉，比喻关系极重大的事物。

④悉：全，都。裁成：栽培，指通过教育而使其有所成就。

〔译文〕

孝子忠臣都是天地之间的正气所汇聚，鬼神也会保佑他们。圣贤的经典著作是从古到今传承的重要命脉，杰出人物都是靠圣贤著作造就出来的。

七十七　气昏志惰岂有为，神紧骨坚能任事

饱暖人所共羡，然使享一生饱暖，而气昏志惰①，岂足有为？饥寒人所不甘，然必带几分饥寒，则神紧骨坚②，乃能任事③。

〔注释〕

①气昏志惰：气质昏浊，志向怠惰。

②神紧骨坚：精神抖擞，性格坚强。

③任事：承担事务，担负责任。

〔译文〕

吃饱穿暖是人人都羡慕想要的生活，然而如果一生享受饱暖的生活，却精神涣散、志向怠惰，哪里会有什么作为呢？饥饿寒冷是人人都不甘心要过的生活，然而一定要带几分饥饿寒冷，才能精神抖擞，性格坚定，承担责任，做出大事业。

七十八　潇洒襟怀春风和，光明世界即青天

愁烦中具潇洒襟怀①，满抱皆春风和气②；暗昧处见光明世界③，此心即白日青天④。

〔注释〕

①潇洒：洒脱超俗。襟怀：胸怀。

②春风和气：春天温和的风和空气。形容温和的态度。

③暗昧：昏暗。

④白日青天：晴朗的白天。

〔译文〕

忧愁烦闷之中仍然具有潇洒脱俗的胸怀，那么满怀都是和煦的春风。在昏暗之中能够看到光明的世界，那这样的心境本身就是白日青天。

七十九　势利皆假，虚浮无成

势利人装腔作调[①]，都只在体面上铺张[②]，可知其百为皆假[③]；虚浮人指东画西[④]，全不向身心内打算[⑤]，定卜其一事无成[⑥]。

〔注释〕

①装腔作调：装腔作势，故意做作。

②体面：面子。铺张：夸张宣扬。

③百为：各种行为。

④虚浮：虚伪浮夸。指东画西：形容说话东拉西扯。

⑤向：一作“问”。打算：考虑，计划。

⑥卜：推断，预料。

〔译文〕

势利的人装腔作势，都只是做表面文章，可以知道他所做的一切都是假的。虚伪浮夸的人成天东拉西扯，根本不从心底里认真计划，可以断定这种人最终会一事无成。

八十　不忮不求，勿忘勿助

不忮不求[1]，可想见光明境界；勿忘勿助[2]，是形容涵养功夫[3]。

〔注释〕

①不忮(zhì)不求：不嫉妒，不贪求。《论语·子罕》篇孔子曾用“不忮不求”来形容子路富有学识，心怀坦荡。

②勿忘勿助：不忘记，不助长。《孟子·公孙丑》篇：“必有事焉而勿正，心勿忘，勿助长也。”是指在道德涵养中，心不要忘记，也不要助长。

③涵养：指道德、学问等方面的修养。

〔译文〕

不嫉妒，不贪婪，就可以看出一个人心中的光明境界。不轻易忘记，不急于助长，是形容一个人在修养方面所下的功夫。

八十一　数虽有定，变固宜防

数虽有定[①]，而君子但求其理，理既得，数亦难违；变固宜防[②]，而君子但守其常[③]，常无失，变亦能御[④]。

〔注释〕

①数：命运，气数。

②固：原来，本来。

③常：常道，永恒的道理和规律。

④御：驾驭，控制。

〔译文〕

气数虽然是命定不变的，但君子只需要追求其中的道理，道理搞清楚了，命运也难以违背。变化固然是应该提防的，但君子只要坚守住定律就行，只要定律不错，有变化也能够控制。

八十二　和为祥气，善是吉星

和为祥气[①]，骄为衰气[②]，相人者不难以一望而知[③]；善是吉星[④]，恶是凶星[⑤]，推命者岂必因五行而定[⑥]。

〔注释〕

①祥气：祥瑞之气。

②衰气：衰败之气。

③相人：相面，通过观察人的体貌来推断其吉凶祸福。

④吉星：吉祥之星，传统认为福、禄、寿是吉星。

⑤凶星：不吉祥之星，灾星。

⑥推命：推算命运，算命。五行：水、火、木、金、土。我国古代认为五行是构成各种物质的五种元素，世间万物都能与五行相对应。星相家以五行生克来推算命运。

〔译文〕

平和是一种祥瑞之气，骄纵是一种衰败之气，相面的人不难一眼就看出来。善良是吉祥之星，恶毒是灾凶之星，算命的人也不一定靠五行来断定。

八十三　人生不可安闲，日用必须简省

人生不可安闲[①]，有恒业[②]，才足收放心[③]；日用必须简省，杜奢端[④]，即以昭俭德[⑤]。

〔注释〕

①安闲：安逸清闲。

②恒业：长久的事业。

③放心：放纵的心。

④杜：杜绝。

⑤昭：昭示，显示。

〔译文〕

人这一辈子不能够太安逸清闲，要有一项长久稳定的事业，才能够收敛起放纵的心思。日常消费必须要简约节省，杜绝奢侈的开端，才能够昭显节俭的美德。

八十四　成大事功，有真气节

成大事功[1]，全仗着秤心斗胆[2]，有真气节[3]，才算得铁面铜头[4]。

〔注释〕

①事功：功绩，功业。

②秤心斗胆：像秤一样公平的心，像斗一样大的胆。

③气节：志气，节操。

④铁面铜头：比喻刚直无私。

〔译文〕

要成就大功业，全靠着公平无私、胆气豪壮，有真正的志气节操，才称得上是铁面无私。

八十五　不责人远怨，不信人取败

但责己，不责人，此远怨之道也[①]；但信己，不信人，此取败之由也。

〔注释〕

①怨：怨气，怨愤。道：方法，途径。

〔译文〕

只责备自己，不责备别人，这是远离怨愤的方法。只相信自己，不相信别人，这是导致失败的缘由。

八十六　无执滞心乃通方，有做作气非本色

无执滞心[①]，才是通方士[②]；有做作气[③]，便非本色人[④]。

〔注释〕

①执滞：固执，拘泥。
②通方：通晓方法，懂得变通。
③做作：装模作样。
④本色：本分，质朴。

〔译文〕

没有固执拘泥的心，才算得上通达晓理之士。有装模作样的习气，就不是本分实在的人。

八十七　心做主人，留名后世

耳目口鼻，皆无知识之辈，全靠者心作主人[①]；身体发肤[②]，总有毁坏之时，要留个名称后世。

〔注释〕

①者：这。

②发肤：头发和皮肤。

〔译文〕

耳朵、眼睛、嘴巴、鼻子，本身都是没有知识的器官，全靠着这颗心作为主人。身躯、四肢、头发、皮肤，早晚都有毁坏的时候，但一定要给后世留个好名声。

八十八　有生资也要学习，慎大德应矜细行

有生资，不加学习，气质究难化也①；慎大德②，不矜细行③，形迹终可疑也④。

〔注释〕

①气质：内在的精神品格。

②大德：道德品质的主要方面。

③不矜细行：不拘小节，在小事上不注意。《尚书·旅獒》："不矜细行，终累大德。"

④形迹：行为迹象。

〔译文〕

有天分，却不努力学习，内在气质终究也难以改善。在大的德行方面谨慎，在小事上却不注意，那么表现出来的行为迹象就会让人觉得可疑，难以让人信任。

八十九　忠厚人颠扑不破，冷淡处趣味弥长

世风之狡诈多端[①]，到底忠厚人颠扑不破[②]；末俗以繁华相尚[③]，终觉冷淡处趣味弥长[④]。

〔注释〕

①世风：世俗的风气。狡诈多端：各种狡猾奸诈。

②颠扑不破：无论怎样摔打都不破。这里比喻人老实可靠。

③末俗：末流低下的习俗。繁华：热闹，奢华。相尚：互相超过，互相攀比。

④冷淡：冷清淡雅。弥长：久长。

〔译文〕

世俗风气各种狡猾奸诈，但说到底还是忠厚的人颠扑不破，老实可靠。世俗末流以奢华热闹相攀比，但还是觉得冷清淡雅之处趣味悠长。

九十　结交直道朋友，亲近耆德老成

能结交直道朋友[1]，其人必有令名[2]；肯亲近耆德老成[3]，其家必多善事。

〔注释〕

①直道：正道。

②令名：好的名声。

③耆（qí）德老成：年高有德、素孚众望的人。

〔译文〕

能结交正道的朋友，这个人一定有好的名声。愿意亲近年高有德的人，那他家里一定有很多好事。

九十一　为乡邻解纷争，为世俗谈因果

为乡邻解纷争，使得和好如初，即化人之事也[①]；为世俗谈因果[②]，使知报应不爽[③]，亦劝善之方也[④]。

〔注释〕

①化人：劝化人，教化人。

②因果：佛教语，因缘和果报。根据佛教轮回之说，种什么因，结什么果，善有善报，恶有恶报。

③不爽：没有差错。

④劝善：劝人向善。

〔译文〕

帮助乡邻调解纠纷，使他们和好如初，这是劝化人的事。给世俗之人讲因缘果报，让他们知道报应不爽，也是劝人向善的好方法。

九十二　肯做工夫，多积阴德

发达虽命定[1]，亦由肯做工夫；福寿虽天生，还是多积阴德[2]。

〔注释〕

①发达：发迹显达。
②阴德：暗中做的好事。

〔译文〕

发迹显达虽然是命中注定的事，但也是由于肯下功夫。福气寿命虽然是天生的，但还是要多积阴德。

九十三　常存仁孝心，莫起邪恶念

常存仁孝心，则天下凡不可为者，皆不忍为，所以孝居百行之先[①]；一起邪淫念，则生平极不欲为者[②]，皆不难为，所以淫是万恶之首[③]。

〔注释〕

①百行：各种品行。儒家经典认为孝为百行之首。

②生平：素来，有生以来。

③万恶：各种恶行。

〔译文〕

常常保持一颗仁孝之心，那么凡是天下不能做的事，就都不忍心去做，所以孝在各种品行中是排在前面的。一旦起了邪心淫念，那素来极不愿意去做的事，也都不难去做了，所以好色淫荡是各种恶行的开端。

九十四　自奉减方好，处世退为高

自奉必减几分方好[1]，处世能退一步为高。

〔注释〕

①自奉：指自身日常生活的供养。

〔译文〕

自己的日常消费减几分才好，为人处世能退一步才算高明。

九十五　守分安贫，持盈保泰

守分安贫[①]，何等清闲，而好事者[②]，偏自寻烦恼；持盈保泰[③]，总须忍让，而恃强者，乃自取灭亡。

〔注释〕

①守分安贫：恪守本分，安于清贫。

②好事：喜欢多事。

③持盈保泰：指处在极盛时要谦逊谨慎以保持平安。

〔译文〕

恪守本分，安于清贫，是多么清闲自在的事情，而喜欢多事的人偏要自寻烦恼。想要在事业发达时保持平安，就必须要做事忍让，而自恃强大者，往往会自取灭亡。

九十六　自谋吃饭本领，早定成器日期

人生境遇无常，须自谋取一吃饭本领[1]；人生光阴易逝，要早定一成器日期[2]。

〔注释〕

①此句有版本作“须自谋吃饭之本领”。
②此句有版本作“要早定成器之日期”。

〔译文〕

人生的境况和遭遇是变化不定的，必须自己学会一样吃饭的本领。人生的时光是很容易流逝的，因此要早定下成就事业的时间。

九十七　谋道者不可有止心，穷理者不可无真见

川学海而至海①，故谋道者不可有止心②；莠非苗而似苗③，故穷理者不可无真见④。

〔注释〕

①川：河流。

②谋道：探求事理道义，指用心于学问。《论语·卫灵公》篇："君子谋道不谋食。"

③莠（yǒu）：一种常见的杂草。

④穷理：穷究事物之理。宋代著名理学家朱熹认为："穷理之要，必在于读书。"真见：正确高明的见解。

〔译文〕

河流学习大海，最终流向大海，所以探究学问的人不能有停止的心思。杂草不是禾苗但长得像禾苗，所以穷究事理的人不能够没有真知灼见。

九十八　守身必谨严，养心须淡泊

守身必谨严[①]，凡足以戕吾身者宜戒之[②]；养心须淡泊[③]，凡足以累吾心者勿为也。

〔注释〕

①守身：保持品德和节操。

②戕（qiāng）：损害。

③养心：修养身心。

〔译文〕

坚守自身品德节操必须谨慎严格，凡是会伤害自身品格的都应该戒除。修养身心必须宁静淡泊，凡是会连累心灵的事都不要去做。

九十九　人之足传在德，世所相信在行

人之足传[1]，在有德，不在有位；世所相信，在能行，不在能言。

〔注释〕

①足传：足以流传。

〔译文〕

人的名声能够流传，在于有德行，而不在于有地位。能让世人相信，在于能做，不在于能说。

一百　令乡党无怨言，教子孙习恒业

与其使乡党有誉言[1]，不如令乡党无怨言；与其为子孙谋产业，不如教子孙习恒业[2]。

〔注释〕

①誉言：赞美的话。

②恒业：长久的事业。

〔译文〕

与其让乡亲们说赞美的话，不如让乡亲们没有抱怨的话。与其为子孙们谋取产业，不如教子孙们从事一项长久的事业。

一百一　多记先正格言，闲看他人行事

多记先正格言[1]，胸中方有主宰[2]；闲看他人行事，眼前即是规箴[3]。

〔注释〕

①先正：前代贤人。

②主宰：主见。

③规箴（zhēn）：规劝告诫。

〔译文〕

多记一些前代贤人的格言，胸中才能够有主见。平时看看其他人的行为做事，眼前看到的就是规诫劝勉。

一百二　精勤可企而及，镇定非学而能

陶侃运甓官斋①，其精勤可企而及也②；谢安围棋别墅③，其镇定非学而能也。

〔注释〕

①陶侃（259—334），字士行（一作士衡）。本为鄱阳郡枭阳县（今江西都昌）人，后徙居庐江郡寻阳县（今江西九江西）。东晋时期名将。出身贫寒，初任县吏，后出任郡守。官至侍中、太尉、荆江二州刺史、都督八州诸军事，封长沙郡公。卒赠大司马，谥号“桓”。运甓（pì）：运砖。据《晋书·陶侃列传》记载：陶侃做州官时，闲来无事，就每天早晨把很多砖从官斋里搬出来，傍晚再搬进去。有人问他为什么这么做，他说自己致力于收复中原，怕过于安逸了做不成事。后人就以运甓来比喻刻苦自励。

②精勤：专力勤勉。

③谢安（320—385），字安石。陈郡阳夏（今河南太康）人。东晋著名政治家。少以清谈知名，隐居会稽郡东山，与王羲之等人游山玩水，并教育谢家子弟。后谢氏家族朝中之人尽数逝去，他才东山再起，历任征西大将军司马、吴兴太守、侍中、吏部尚书、中护军等职。后挫败桓温篡位意图，辅佐孝武帝执掌朝政。在东晋和前秦的战争中，指挥了著名的淝水之战。战后因功名太盛而被孝武帝猜忌，被迫前往广陵避祸。卒赠太傅、庐陵郡公，谥号“文靖”。谢安多才多艺，娴雅温和，有宰相气度。淝水之战，前秦苻坚亲率百万大军南下，志在吞灭东晋，统一天下。当时军情危急，

朝廷震恐，谢安却镇定自若，派谢石、谢玄、谢琰等率兵八万前去抵御。出发之前，谢玄到谢安家去告别，请示一下这个仗怎么打。但谢安神情泰然，毫无惧色，回答道：“朝廷已另有安排。”谢玄不敢再问，便派好友张玄再去请示。谢安于是驾车去山中别墅，与亲朋好友聚会，然后才与张玄坐下来下围棋赌别墅。谢安平常棋艺不及张玄，这一天张玄心慌，反而败给了谢安。随后谢安登山游玩，到晚上才返回，把谢石、谢玄等将领召集起来，当面交代机宜事务。

〔译文〕

陶侃在官斋中搬砖的那种精勤自励有希望学得到；谢安下围棋赌别墅的那种镇定自若不是能够学得来的。

一百三　但患不肯济人，使人不忍欺我

但患不肯济人①，休患我不能济人；须使人不忍欺我，勿使人不敢欺我。

〔注释〕

①患：担心。

〔译文〕

只怕自己不愿意帮助别人，不用担心自己不能帮助别人。要让人不忍心欺负我，不要让人不敢欺负我。

一百四　享福之才，创家之人

何谓享福之才[1]，能读书者便是；何谓创家之人[2]，能教子者便是。

〔注释〕

①享福：享受幸福。

②创家：开创家业。

〔译文〕

什么是能够享受幸福的人才，能读书的人就是。什么是能够开创家业的人，能够教育好子孙的就是。

一百五　勿溺爱以长自肆,勿轻弃以绝自新

子弟天性未漓[1],教易入也[2],则体孔子之言以劳之(爱之能勿劳乎)[3],勿溺爱以长其自肆之心[4]。子弟习气已坏,教难行也,则守孟子之言以养之(中也养不中,才也养不才)[5],勿轻弃以绝其自新之路[6]。

〔注释〕

①漓:沾染。

②有版本此句为“教易行也”。

③孔子之言:孔子的话。《论语·宪问》载孔子曰:“爱之,能勿劳乎?”意为:爱他,能不让他操劳吗?劳之,让他劳动。

④自肆:放纵,任意。

⑤孟子之言:《孟子·离娄章句下》载孟子曰:“中也养不中,才也养不才,故人乐有贤父兄也。如中也弃不中,才也弃不才,则贤、不肖之相去其间不能以寸。”意为:有德行的能够教育没有德行的,有才能的能够教育没有才能的,所以人们才乐于有贤能的父兄。如果有德行的嫌弃没有德行的,有才能的嫌弃没有才能的,那么贤与不贤之间的差距比寸还小。

⑥轻弃:轻易放弃。自新:自己改正错误,重新做人。

〔译文〕

孩子的天性还没有被沾染的时候,教育容易有效,那就应该

体会一下孔子的话“爱他怎么能不让他劳动呢”,不要以溺爱来助长他任意放肆的心思。孩子的习气已经坏了,教育很难有效了,就应该用孟子的话“有德行的能够教育没德行的,有才能的能够教育没才能的”来培养他,不能轻易放弃断绝他改过自新的道路。

一百六　忠实无才可立功，忠实无识必偾事

忠实而无才，尚可立功，心志专一也；忠实而无识[①]，必至偾事[②]，意见多偏也。

〔注释〕

①无识：无知。

②偾（fèn）事：败事，坏事。

〔译文〕

忠厚老实却没有才能，还可以建立功绩，因为他心志专一。忠厚老实却没有见识，一定会败坏事情，因为他的意见往往会偏离正途。

一百七　不可忘艰难之境，不可存侥幸之心

人虽无艰难之时，却不可忘艰难之境；世虽有侥幸之事，断不可存侥幸之心[①]。

〔注释〕

①断：一定。

〔译文〕

人虽然没有艰难的时候，但却不能忘记艰难的境况。世上虽然会有一些侥幸的事情，但一定不能存有侥幸的心思。

一百八　心静则明，品超斯远

心静则明，水止乃能照物；品超斯远[①]，云飞而不碍空[②]。

〔注释〕

①品超斯远：品格超脱，远离世俗。

②碍：阻碍，遮蔽。

〔译文〕

心中平静就能澄澈明白，就好像静止的水才能够映照出物像一样。品格超脱才能够远离世俗，就好像云朵飘飞却遮蔽不了天空一样。

一百九　清贫乃顺境，节俭即丰年

清贫乃读书人顺境[①]，节俭即种田人丰年。

〔注释〕

①顺境：顺利的境遇。

〔译文〕

清贫的生活才是读书人的顺利境遇，节俭的日子才是种田人的丰收年月。

一百十　迂拙之人,虚浮之士

正而过则迂[1],直而过则拙[2],故迂拙之人,犹不失为正直。高或入于虚[3],华或入于浮[4],而虚浮之士,究难指为高华[5]。

〔注释〕

①迂:迂腐。
②拙:笨拙。
③高:高明。
④华:华贵,显华。
⑤高华:才华出众,名望显贵。

〔译文〕

刚正过头了就会变成迂腐,耿直过头了就会变成笨拙,所以迂腐笨拙的人,仍然不失为正直之人。高出众人可能会陷入虚伪,显贵过头可能会陷入浮夸,虚伪浮夸的人很难说是才华出众,名望显达。

一百十一　背乎经常皆异端，涉于虚诞皆邪说

人知佛老为异端[①]，不知凡背乎经常者[②]，皆异端也；人知杨墨为邪说[③]，不知凡涉于虚诞者[④]，皆邪说也。

〔注释〕

①佛老：佛家和道家的并称。佛家以佛陀为祖，道家以老子为祖，所以称为佛老。异端：与正统思想不同的观点。古代儒家称其他学说、学派为异端。

②经常：经典纲常。

③杨墨：杨朱和墨翟的合称。杨朱（约前395—约前335），字子居，魏国（一说秦国）人，战国初期的思想家、哲学家。主张"贵己""重生"，是道家杨朱学派的创始人。墨翟（前468—前376），战国时期滕国人，墨家学派的创始人。墨家学说在先秦时期影响很大，与儒家并称"显学"。其思想以兼爱为核心，以节用、尚贤为支点。

④虚诞：荒诞无稽。

〔译文〕

人们只知道佛陀、老子的学说是异端，却不知道只要违背儒家经典纲常的都是异端。人们只知道杨朱、墨翟的观点是邪说，却不知道凡是有关荒诞无稽学说的都是邪说。

一百十二　图功未晚，浮慕无成

图功未晚[①]，亡羊尚可补牢[②]；浮慕无成[③]，羡鱼何如结网[④]。

〔注释〕

①图功：谋求建功立业。

②亡羊尚可补牢：《战国策·楚策四》："亡羊而补牢，未为迟也。"意为走失了羊，赶快修补羊圈，还不算晚。比喻失误后及时补救。

③浮慕：表面上羡慕。

④羡鱼何如结网：《淮南子·说林训》："临河而羡鱼，不若归家织网。"意为站在河边想要河里的鱼，不如回家织网再来捕鱼。比喻空有愿望，不如采取行动。

〔译文〕

想要建功立业什么时候都不算晚，丢了羊也还可以修补羊圈。表面上羡慕没有用，站在河边想要河里的鱼不如赶紧回家去织网。

一百十三　道本足于身，境难足于心

道本足于身，切实求来[①]，则常若不足矣；境难足于心，尽行放下，则未有不足矣。

〔注释〕

①切实：实实在在。有版本作“以实”。

〔译文〕

真理本来是可以满足我们自身的，踏踏实实去追求真理，就会常常觉得自己知道得还不够。境遇很难让人心满足，但如果能够不把它放在心上，那么就没有什么不满足了。

一百十四　读书须下苦功，为人当有好处

读书不下苦功，妄想显荣[①]，岂有此理？为人全无好处，欲邀福庆[②]，从何得来？

〔注释〕

①显荣：显赫荣耀。

②邀：招来。福庆：幸福。

〔译文〕

读书不下苦功夫，却妄想显赫荣耀，哪里有这样的道理呢？为人没有一点儿好处，却想要招来幸福，从哪儿招来呢？

一百十五　决意改图为君子，肆行无忌为小人

才觉已有不是[①]，便决意改图[②]，此立志为君子也；明知人议其非，偏肆行无忌[③]，此甘心为小人也[④]。

〔注释〕

①不是：错误，过失。

②改图：改变计划、想法。

③肆行无忌：恣意横行，无所顾忌。

④此句有版本作“此甘心做小人也”。

〔译文〕

刚刚感觉到自己有错误，就下决心改变想法，这是立下志向要做君子的。明知道人家议论自己的错误，还偏偏要恣意横行，无所顾忌，这是甘心情愿要做小人啊。

一百十六　淡中交耐久，静里寿延长

淡中交耐久[①]，静里寿延长。

〔注释〕

①交：交情。

〔译文〕

平淡之中交情才更能够耐久，平静之中寿命才能够延长。

一百十七　熟思审处，忍让曲全

凡遇事物突来，必熟思审处[①]，恐贻后悔[②]；不幸家庭衅起[③]，须忍让曲全[④]，勿失旧欢[⑤]。

〔注释〕

①熟思审处：反复思考，审慎筹划。

②贻：遗留，导致。

③衅（xìn）：争执，争端。

④曲全：委曲求全。

⑤旧欢：旧时的欢乐，往日的和睦。

〔译文〕

凡是遇到事情突然发生，一定要反复思考，审慎处理，不然恐怕会导致后悔。如果不幸家庭里起了争执，一定要隐忍退让，委曲求全，不要伤了以前的和气。

一百十八　聪明勿使外散，耕读何妨兼营

聪明勿使外散①，古人有纩以塞耳②，旒以蔽目者矣③；耕读何妨兼营，古人有出而负耒④，入而横经者矣⑤。

〔注释〕

①外散：外露。

②纩（kuàng）：棉絮。

③旒（liú）：冕冠前后悬垂的玉串。

④负耒（lěi）：指背负农具，从事农业劳动。耒是一种农具。

⑤横经：横陈经籍。指受业或读书。

〔译文〕

聪明不要过于外露，古人有用棉絮塞住耳朵，用玉旒遮蔽眼睛来掩饰聪明的。耕田读书何妨一起进行呢？古人有出门扛上农具做农活，进门打开经典来读书的。

一百十九　身不饥寒,学有长进

身不饥寒,天未尝负我①;学无长进,我何以对天。

〔注释〕

①未尝:一作“未曾”。负:辜负,对不起。

〔译文〕

身体不饥饿寒冷,老天就没有什么对不起我的。学问没有长进,我怎么对得起老天呢?

一百二十　不争得失,唯求己能

不与人争得失[①],惟求己有知能[②]。

〔注释〕

①得失:得与失,是非曲直,利弊正误。

②知能:智慧才能。

〔译文〕

不和人争论是非长短,只要求自己有智慧才能。

一百二十一　为人见精神，做事知权变

为人循矩度[①]，而不见精神[②]，则登场之傀儡也[③]；做事守章程，而不知权变[④]，则依样之葫芦也。

〔注释〕

①矩度：规矩法度。

②精神：主观意志。

③傀儡(kuǐlěi)：木偶，比喻不能自主、受人操纵的人。

④权变：随机应变。

〔译文〕

为人只知道刻板地遵循规矩法度，而没有一点儿个人的意志，那就不过是一个上场的木偶。做事遵守章程，却不知道随机应变，那不过是照着样子画葫芦。

一百二十二　文章是山水化境，富贵乃烟云幻形

文章是山水化境[①]，富贵乃烟云幻形[②]。

〔注释〕

①化境：自然精妙的境界，最高的境界。

②幻形：幻化出来的形状，指假象。

〔译文〕

文章是山水自然最精妙的境界，富贵不过是烟云幻化出来的假象。

一百二十三　细微处留心，德义中立脚

郭林宗为人伦之鉴[①]，多在细微处留心；王彦方化乡里之风[②]，是从德义中立脚。

〔注释〕

①郭林宗：郭泰（128—169），字林宗。太原郡介休县（今山西介休）人。东汉时期名士。出身寒微，博通群书，擅长说词，名重洛阳。东汉党锢之祸，知名人士多被害，郭泰全身避害，闭门教授，弟子达千人。《后汉书》称其“善人伦，而不为危言覈论”。

②王彦方：王烈（141—219），字彦方，平原县（今山东平原）人。少年时拜当时的大名士陈寔为师，以义行知名。学成回乡后带动乡民行善远恶，乡民深受感化。董卓作乱时避乱辽东，也深受当地人民尊敬。

〔译文〕

郭林宗之所以是处理人际关系的借鉴典范，是因为他往往在细微的地方留心。王彦方感化了乡里的风气，是他能够在德行正义上站得住脚。

一百二十四　天下无憨人，世上皆苦人

天下无憨人，岂可妄行欺诈[①]；世上皆苦人，何能独享安闲。

〔注释〕

①妄行：妄加。

〔译文〕

天底下没有真憨的人，怎么能够妄加欺侮诈骗他人呢？世上都是些受苦的人，怎么能够独自享受安逸闲适呢？

一百二十五　甘受人欺非懦弱，自谓予智是糊涂

甘受人欺，定非懦弱；自谓予智[①]，终是糊涂。

〔注释〕

①自谓：自己认为。

〔译文〕

甘心受人欺负，一定不是真的懦弱。自己以为自己很聪明，其实是真犯糊涂。

一百二十六　功德文章传后世，人品心术不能瞒

漫夸富贵显荣[1]，功德文章，要可传诸后世；任教声名煊赫，人品心术，不能瞒过史官[2]。

〔注释〕

①漫：空，徒然。

②史官：主管文书、典籍，并负责修撰前代史书和搜集记录当代史料的官员。

〔译文〕

徒然夸耀富贵显达和荣华，但只有功德文章才能够流传后世。无论名声多么煊赫，人品心术是瞒不过史官的。

一百二十七　闭目养神，闭口防祸

神传于目，而目则有胞[1]，闭之可以养神也；祸出于口，而口则有唇，阖之可以防祸也[2]。

〔注释〕

①胞（pāo）：眼泡，眼皮。

②阖：合拢。

〔译文〕

人的精神能够传到眼睛里，而眼睛有眼皮，闭上眼睛就可以保养精神。灾祸是从嘴里出去的，而嘴有嘴唇，合拢嘴唇就能够防止灾祸。

一百二十八　富家难教子，寒士应读书

富家惯习骄奢[1]，最难教子；寒士欲谋生活[2]，还是读书。

〔注释〕

①惯习：习惯。

②寒士：家庭贫寒的读书人。

〔译文〕

富贵人家因为习惯了骄纵奢侈的生活，所以很难教育孩子。家庭清贫的士子想要过好生活，还是应该读书。

一百二十九　苟不能振，俗不可医

人犯一苟字[①]，便不能振；人犯一俗字[②]，便不可医。

〔注释〕

①苟：苟且，得过且过。

②俗：庸俗。

〔译文〕

人如果犯了得过且过的毛病，就很难振作起来。人如果流于庸俗，便不可救药了。

一百三十　不可及之志，不忍言之祸

有不可及之志[1]，必有不可及之功；有不忍言之心，必有不忍言之祸。

〔注释〕

①可及：可以达到。

〔译文〕

有一般人达不到的志向，就一定能有一般人达不到的成功。有忍不住想说话的心思，就会有忍不住多说话的灾祸。

一百三十一　让退易处，放松难成

事当难处之时[①]，只让退一步[②]，便容易处矣；功到将成之候，若放松一着[③]，便不能成矣。

〔注释〕

①处：处理，处置。

②让退：退让。

③一着：本指下棋落一子，也指行事的一个步骤。

〔译文〕

事情到了难以处理的时候，只要退让一步，就容易处理了。功绩到将要完成的时候，如果放松一步，就不能成功了。

一百三十二　无学为贫，无德为孤

无财非贫，无学乃为贫；无位非贱，无耻乃为贱；无年非夭[①]，无述乃为夭[②]；无子非孤，无德乃为孤。

〔注释〕

①无年：没有年寿，寿命不长。夭：短命，早死。

②无述：无可称道，无人称道。

〔译文〕

没有财产不是贫穷，没有学问才是贫穷。没有地位不是低贱，没有廉耻才是低贱。没有年寿不是短命，没有人称道才是短命。没有子女不是孤独，没有德行才是孤独。

一百三十三　知过能改圣人徒，恶恶太严君子病

知过能改，便是圣人之徒；恶恶太严[1]，终为君子之病。

〔注释〕

①恶恶：憎恨邪恶。

〔译文〕

知道错误以后能改正，就还是圣人的门徒。对待过失太过严厉，终究是君子的毛病。

一百三十四　以诗书为性命，从孝悌立根基

士必以诗书为性命[①]，人须从孝悌立根基[②]。

〔注释〕

①诗书：《诗经》和《尚书》，泛指儒家经典。

②孝悌（tì）：孝顺父母，敬爱兄长。这是儒家推崇的重要道德品质。

〔译文〕

读书人应该把儒家经典视为自己的生命，人都应该把孝顺父母、尊敬兄长作为自己立身处世的基础。

一百三十五　得意者何可自矜，为善者须当自信

德泽太薄[①]，家有好事，未必是好事，得意者何可自矜[②]；天道最公[③]，人能苦心[④]，断不负苦心，为善者须当自信。

〔注释〕

①德泽：恩德，恩惠。
②自矜：自负，自夸。
③天道：天理，天意。
④苦心：费尽心思。

〔译文〕

积累的恩惠太少，家里有好事，也未必就是好事。春风得意的人有什么可自夸的呢？天理是最公道的，人如果能够用尽苦心，老天一定不会辜负这片苦心，因此做善事的人应该自信。

一百三十六　看高自己不能长进，看低自己不能振兴

把自己太看高了，便不能长进①；把自己太看低了，便不能振兴②。

〔注释〕

①长进：上进，在学问、技艺、品行等方面有所进步。

②振兴：振作奋发。

〔译文〕

把自己看得太高了，就不能够有所长进。把自己看得太低了，就不能够振作奋发。

一百三十七　有为非轻为，好事非晓事

古今有为之士，皆不轻为之士，乡党好事之人[①]，必非晓事之人[②]。

〔注释〕

①好事：喜欢多事。

②晓事：懂事，明达事理。

〔译文〕

从古到今有作为的读书人，都不是轻率做事的人。乡亲中喜欢多事的人，一定不是明达事理的人。

一百三十八　有意为善，有过当规

偶缘为善受累[①]，遂无意为善，是因噎废食也[②]；明识有过当规[③]，却讳言有过[④]，是讳疾忌医也[⑤]。

〔注释〕

①缘：因为。为善：做善事。

②因噎废食：因为有噎死的，就不吃饭了。比喻受过挫折以后，连该做的事情也不去做了。

③明识：明明知道。

④讳言：因有所顾忌而不敢说或不愿明说。

⑤讳疾忌医：隐瞒疾病，不愿医治。比喻掩饰缺点错误，害怕批评，不愿改正。

〔译文〕

偶然因为做善事受了些连累，就不想再做善事了，这是因噎废食。明明知道有了过错应该规劝改正，却心里顾忌不肯说自己有过错，这是讳疾忌医。

一百三十九　有沥胆披肝之士，无焦头烂额之人

宾入幕中[①]，皆沥胆披肝之士[②]；客登座上，无焦头烂额之人[③]。

〔注释〕

①入幕：入为幕僚。

②沥胆披肝：剖露肝胆，竭诚尽忠。

③焦头烂额：处境狼狈或十分窘迫。

〔译文〕

来宾进入幕府成为幕僚了，就都是剖露肝胆、竭诚尽忠的人。客人来到座上了，就没有处境狼狈、困难窘迫的人。

一百四十　心不外驰，气不久浮

地无余利[①]，人无余力，是种田两句要言[②]；心不外驰[③]，气不久浮，是读书两句真诀[④]。

〔注释〕

①余利：利润，盈利。

②要言：至理名言。

③心不外驰：心不能跑到外面去。指全神贯注。

④真诀：妙法秘诀。

〔译文〕

土地是没有多余的利润的，人也没有多余的力气，这是有关种田的两句至理名言。心思要集中不能分散，精神要沉潜不能浮躁，这是读书的两句妙法秘诀。

一百四十一　要成就人才，莫暴殄天物

成就人才[1]，即是栽培子弟[2]；暴殄天物[3]，自应折磨儿孙[4]。

〔注释〕

①成就：成全，造就。

②栽培：种植培养，比喻培养造就人才。

③暴殄（tiǎn）天物：任意糟蹋东西。

④折磨：使在精神或肉体上受打击，受痛苦。

〔译文〕

成全造就人才，就等于是培养子弟晚辈。任意糟蹋东西，自然会让儿孙受苦受难。

一百四十二　平情应物，藏器待时

和气迎人[①]，平情应物[②]。抗心希古[③]，藏器待时[④]。

〔注释〕

①迎人：迎接、对待他人。

②平情：公允而不偏于感情。

③抗心：让志向高尚。希古：仰慕古人。

④藏器待时：比喻怀藏才能以等待施展的时机。

〔译文〕

要以和和气气的态度对待他人，要以公平允当的态度处理事情。要志向高尚向古人学习，深藏满腹才能等待施展的时机。

一百四十三　板凳且坐着，光阴莫错过

矮板凳[1]，且坐着；好光阴，莫错过。

〔注释〕

①矮板凳：此处比喻较低微的处境或地位。

〔译文〕

矮一点儿的板凳，也要先坐着。大好的光阴，一定不要错过。

一百四十四　丧良心者如禽兽，舍正路者行荆棘

天地生人[①]，都有一个良心；苟丧此良心，则其去禽兽不远矣。圣贤教人，总是一条正路；若舍此正路，则常行荆棘之中矣[②]。

〔注释〕

①生人：养育人。

②荆棘：泛指山野丛生多刺的灌木。此处比喻危险的境地。

〔译文〕

天地养育人，都要有一个良心。如果丧失了良心，那就离禽兽不远了。圣贤教育人，总要走一条正路，如果舍弃这条正路，那就会走到危险的荆棘中了。

一百四十五　务本业者境常安，当大任者心良苦

世之言乐者，但曰读书乐，田家乐[①]。可知务本业者，其境常安。古之言忧者，必曰天下忧，廊庙忧[②]。可知当大任者[③]，其心良苦[④]。

〔注释〕

①田家乐：农家的乐趣。

②廊庙：殿下屋和太庙，代指朝廷。

③大任：重任，重要职务。

④良苦：很辛苦。

〔译文〕

世人说到生活的乐趣，往往只说读书的乐趣，农家的乐趣。由此可知从事基本行业的，处境往往比较安适。古人说忧虑的时候，一定会说为天下忧虑，为朝廷忧虑。由此可知担当重任的人，操心劳神很辛苦。

一百四十六　难救求死之人，可邀悔祸之天

天虽好生[①]，亦难救求死之人；人能造福[②]，即可邀悔祸之天[③]。

〔注释〕

①好生：爱惜生灵，不喜欢杀生。

②造福：指给人带来幸福。

③悔祸：撤去所加的灾祸。

〔译文〕

老天虽然爱惜生命，但也很难救自己要死的人。人如果能够为他人带来幸福，就可以使得老天为他免去灾祸。

一百四十七　恃力逢敌手，恃势逢对头

薄族者[①]，必无好儿孙；薄师者，必无佳子弟。吾所见亦多矣。恃力者，忽逢真敌手；恃势者，忽逢大对头[②]。人所料不及也。

〔注释〕

①薄：鄙薄，看不起。

②对头：冤家，仇家，敌对的势力。

〔译文〕

看不起家族亲人的，一定养不出好儿孙；看不起老师的，也一定教不出好孩子。这种事我见得多了。自恃力量大的人，会忽然碰到真正的对手；自恃势力强的人，会忽然碰到比他势力更大的对头。这是人所预料不及的。

一百四十八　为学不外静敬，教人先去骄惰

为学不外静敬二字①，教人先去骄惰二字②。

〔注释〕

①静敬：沉静恭敬。

②骄惰：骄纵怠惰。

〔译文〕

做学问不外乎“静”“敬”两个字。教育人要先去掉“骄”“惰”两个字。

一百四十九　对知己而无惭，求读书而有用

人得一知己[①]，须对知己而无惭[②]；士既多读书，必求读书而有用[③]。

〔注释〕

①知己：彼此相知而情谊深切的朋友。

②无惭：无所惭愧。

③有用：有功用，有用处。

〔译文〕

人如果能得到一个知己朋友，在知己面前要做到没有感到惭愧的事情。学子们既然要读书，就一定要让读的书对社会有用。

一百五十　以直道教人，以诚心待人

以直道教人①，人即不从，而自反无愧②，切勿曲以求容也③；以诚心待人，人或不谅，而历久自明，不必急于求白也④。

〔注释〕

①直道：正道，正确的道理、准则。

②自反：反躬自问。

③求容：取悦。一作“求荣”。

④求白：表明清白。

〔译文〕

以正确的道理教导别人，别人即使不听从，但自己反躬自问也没有什么可惭愧的，千万不要为了取悦别人委曲求全，放弃原则。用真诚的心对待别人，别人即使不理解，但时间长了自然明白，不必急于表明自己的清白。

一百五十一　粗粝能甘，纷华不染

粗粝能甘[①]，必是有为之士；纷华不染[②]，方称杰出之人。

〔注释〕

①粗粝(lì)：糙米。泛指粗劣的食物。

②纷华：繁华富丽。

〔译文〕

粗劣的食物也能吃得很香，一定是能有作为的人。在繁华富丽之中能够不受诱惑，才能够称得上是杰出的人。

一百五十二　性情执拗难谋事，机趣流通可言文

性情执拗之人[①]，不可与谋事也[②]；机趣流通之士[③]，始可与言文也[④]。

〔注释〕

①执拗：坚持己见，固执任性。

②谋事：谋划事情。

③机趣流通：机敏风趣，通情达理。

④言文：谈论文章。

〔译文〕

性情固执的人，不能一起商量事情。风趣活络的人，可以一起谈论文章。

一百五十三　不必世事能，唯求心相印

不必于世事件件皆能，惟求与古人心心相印[①]。

〔注释〕

①古人：指古代圣贤。心心相印：心意相投。

〔译文〕

世上的事不一定要事事都会做，只求能够和古代圣贤心意相通。

一百五十四　无抱惭于衾影，期收效于桑榆

夙夜所为[①]，得无抱惭于衾影[②]；光阴已逝，尚期收效于桑榆[③]。

〔注释〕

①夙夜：早晚。

②得无：莫非，岂不是。抱惭：感到惭愧。衾（qīn）影：被子和影子。指夜晚独自一人睡觉。

③收效：取得成效。桑榆：桑树和榆树。比喻晚年，垂暮时光。

〔译文〕

每天早晚所做的事，是不是会在夜晚一个人的时候感觉惭愧呢？光阴已经流逝，还有望在晚年取得成效。

一百五十五　念祖考创家基，为子孙计长久

念祖考创家基[①]，不知栉风沐雨[②]，受多少苦辛，才能足食足衣，以贻后世；为子孙计长久，除却读书耕田，恐别无生活，总期克勤克俭[③]，毋负先人[④]。

〔注释〕

①祖考：祖先。

②栉（zhì）风沐雨：风梳头发雨洗头。形容奔波劳苦。

③克勤克俭：既能勤劳，又能节俭。

④先人：祖先。

〔译文〕

想一想祖先开创家族基业，不知道多么奔波劳累，受了多少辛苦，才能做到够吃够穿，留给后代。为子孙做长久打算，除了读书耕田，恐怕也没有别的生活方式，因此总要勤劳节俭，不要辜负了祖先。

一百五十六　于世有济，此生不虚

但作里中不可少之人[①]，便为于世有济[②]；必使身后有可传之事[③]，方为此生不虚[④]。

〔注释〕

①里中：乡里之中。
②于世有济：对社会有贡献。
③身后：死后。
④此生不虚：这辈子没有虚度。

〔译文〕

只要能做个乡里不可少的人，就是对社会有贡献了。一定要让死后有可以流传的事情，这一辈子才算没有白过。

一百五十七　齐家修身言行慎，读书明理识见高

齐家先修身[①]，言行不可不慎；读书在明理[②]，识见不可不高[③]。

〔注释〕

①齐家：治家。《礼记·大学》："欲齐其家者，先修其身。"修身：陶冶身心，涵养德性。儒家以修身为教育中最重要的一条。

②明理：明察事理。

③识见：见识。

〔译文〕

治理家庭先要修养好自身德性，说话做事不能够不慎重。读书在于明察事理，见识不能不高。

一百五十八　积善有余庆，多藏必厚亡

桃实之肉暴于外[①]，不自吝惜，人得取而食之，食之而种其核，犹饶生气焉[②]。此可见积善者有余庆也。栗实之内秘于肉[③]，深自防护，人乃剖而食之[④]，食之而弃其壳，绝无生理矣。此可知多藏者必厚亡也[⑤]。

〔注释〕

①桃实：桃树的果实，桃子。
②生气：生命力。
③栗实：栗树的果实，栗子。
④剖：一作“破”。
⑤厚亡：失去很多。

〔译文〕

桃子的果肉暴露在外面，也不自己爱惜，人们能够拿过来吃掉，吃掉之后把它的核种下，仍然能够焕发出生机。由此可见，积德行善能够给子孙带来福泽。栗子的果肉藏在硬壳里面，自我保护得很好，人们把它剖开吃掉，吃完把壳扔掉，栗子就没有一点儿生存的可能了。由此可知，深藏财富过于吝惜者，往往会失去得更多。

一百五十九　求备之心修身,知足之心处境

求备之心[①],可用之以修身,不可用之以接物[②];知足之心,可用之以处境[③],不可用之以读书。

〔注释〕

①求备:求全,追求完美。
②接物:接触外物,指与人交往。
③处境:对待环境。

〔译文〕

追求完美的求全之心可以用来涵养自身德性,不可以用来要求别人。自觉满足的心思,可以用在对待环境上,但不能用在读书上。

一百六十　有守节不挠，立言人有益

有守虽无所展布[①]，而其节不挠[②]，故与有猷有为而并重[③]；立言即未经起行[④]，而于人有益，故与立功立德而并传[⑤]。

〔注释〕

①守：操守，节守。展布：施展。
②不挠：不弯曲。形容刚正不屈。
③猷（yóu）：谋略，功绩。
④立言：著书立说。起行：实行。
⑤立功：建树功绩，建立功劳。立德：树立德业。

〔译文〕

人有操守即使没有地方施展，但他的节操不变，因此能和有功绩、有作为同样受到重视。著书立说即使未能真正实行，但对人是有益处的，因此可以与建立功勋、树立德业一样流传后世。

一百六十一　向善必笃，进德可期

遇老成人[1]，便肯殷殷求教[2]，则向善必笃也[3]；听切实话[4]，觉得津津有味[5]，则进德可期也[6]。

〔注释〕

①老成：年高有德。
②殷殷：殷切急迫的样子。
③笃：笃实，诚恳。
④切实：切合实际，实实在在。
⑤津津有味：形容兴味浓厚。
⑥进德：增进道德。

〔译文〕

遇到年高有德的人就愿意殷切地求教，那么这个人向善的心一定很诚恳。听实在话觉得津津有味，那就有望增进道德。

一百六十二　真性情须真涵养，大识见有大文章

有真性情，须有真涵养①；有大识见，乃有大文章。

〔注释〕

①涵养：道德、学问方面的修养。

〔译文〕

要有真性情，必须有真学问修养。要有大见识，才能写出好文章。

一百六十三　为善之端讲让,立身之道须敬

为善之端无尽,只讲一让字,便人人可行;立身之道何穷[1],只得一敬字,便事事皆整[2]。

〔注释〕

①立身:为人处世。

②整:整齐,有条理。

〔译文〕

做善事的开端有很多种,但只要讲一个“让”字,就人人都能做到。为人处事的方法太多了,但只要一个“敬”字,就能够事事有条理。

一百六十四　自不能知安知人，古人得失不必论

自己所行之是非，尚不能知，安望知人[1]？古人以往之得失，且不必论，但须论己。

〔注释〕

①安：疑问词，怎么，岂。

〔译文〕

自己所做的是对是错尚且不能够知道，又怎么指望知道别人呢？古人以往的正确错误暂且不论，只需先论论自己。

一百六十五　治术必本儒术，今人不及古人

治术必本儒术者[1]，念念皆仁厚也[2]；今人不及古人者，事事皆虚浮也[3]。

〔注释〕

①治术：治理国家的方法、策略。儒术：儒家的原则、学说、思想。

②念念：每一个心念。仁厚：仁爱宽厚。

③虚浮：虚伪浮夸。

〔译文〕

治理国家的策略必须以儒家思想为根本，因为儒家每一个想法都出于仁爱宽厚。现在的人比不上古人，是因为现在的人事事都虚伪浮夸。

一百六十六　莫大之祸，起于不忍

莫大之祸，起于须臾之不忍[①]，不可不谨。

〔注释〕

①须臾：片刻，短时间。

〔译文〕

无论多么大的灾祸，都是源于一时不能忍耐，因此不能不谨慎。

一百六十七　家之长幼，士之衣食

家之长幼，皆倚赖于我[1]，我亦尝体其情否也？士之衣食，皆取资于人[2]，人亦曾受其益否也？

〔注释〕

①倚赖：依赖。

②取资：取得凭借、帮助。

〔译文〕

家里的老少，都依赖我们，我们也曾体谅过他们的感情吗？我们读书人的吃穿，都是靠别人提供，那别人也曾得到过我们的好处吗？

一百六十八　读书积德,事长亲贤

富不肯读书,贵不肯积德,错过可惜也;少不肯事长①,愚不肯亲贤②,不祥莫大焉③!

〔注释〕

①事长:侍奉长辈。

②亲贤:亲近贤人。

③不祥:不吉利,不好。

〔译文〕

富有却不愿意读书,尊贵却不愿意积德,错过就可惜了。年少的不愿意侍奉长辈,愚笨的不愿意亲近贤人,那就太不好了!

一百六十九　五伦为教，四子成书

自虞廷立五伦为教[①]，然后天下有大经[②]；自紫阳集四子成书[③]，然后天下有正学[④]。

〔注释〕

①虞廷：舜帝的朝廷。相传舜为古代的圣明之主，他统治的时期被认为是圣明的朝代。五伦：指君臣、父子、兄弟、夫妻、朋友这五种人伦关系。

②大经：大道，常规。

③紫阳：朱熹(1130—1200)，字元晦，号晦庵，晚称晦翁，谥文，世称朱文公。宋朝著名的理学家，儒学集大成者，世尊称为朱子，是唯一非孔子亲传弟子而享祀孔庙的人。朱熹之父朱松曾在紫阳山(在安徽歙县)读书。朱熹后居福建崇安，题厅事曰紫阳书室，以示不忘。后人于是以“紫阳”作为朱熹的别称。集四子成书：朱熹继承北宋程颐、程颢的看法，认为《大学》是孔子讲授“初学入德之门”的重要典籍，经曾子整理成文；《中庸》是“孔门传授心法”之书，是孔子的孙子子思传授给孟子的。这两部书与《论语》《孟子》一起表达了儒学的基本思想体系，是研治儒学的重要文献。因此，朱熹把《论语》《孟子》《大学》《中庸》合在一起，作了注解，因为它们分别出于早期儒家的四位代表人物孔子、孟子、曾参、子思，所以称为“四子书”，简称即为“四书”。明清两代，朱熹所著《四书章句集注》成为科举考试的重要内容。

④正学：合乎正道的学说。自西汉武帝排斥百家，独尊儒术，开始以

儒学为正学。此处指明清两代奉为官方学说的程朱理学。

〔译文〕

自舜帝统治时期确立君臣、父子、兄弟、夫妻、朋友这五种人伦关系来进行社会教化，然后天下才有了合乎伦理的大道。自朱熹把孔子、孟子、曾子、子思的论著集合成四书，然后天下才有了正统学说。

一百七十　意趣清高，志量远大

意趣清高①，利禄不能动也②；志量远大③，富贵不能淫也④。

〔注释〕

①意趣：意向，旨趣。

②利禄：财利荣禄。

③志量：志向抱负。

④富贵不能淫：不为金钱、地位所迷惑。《孟子·滕文公下》："富贵不能淫，贫贱不能移，威武不能屈，此之谓大丈夫。"

〔译文〕

意向旨趣清雅高洁，才能够不被财利官禄所打动。志向抱负深远高大，才能够不为金钱地位所迷惑。

一百七十一　莫娶势家女，难为富儿师

最不幸者，为势家女作翁姑[1]；最难处者，为富家儿作师友。

〔注释〕

①势家：有权势的人家。翁姑：公婆。

〔译文〕

最不幸的事情，是给有权有势人家的女儿当公婆。最难处理的事情，是给富贵人家的孩子做老师和朋友。

一百七十二　钱能福祸,药能生杀

钱能福人[①],亦能祸人[②],有钱者不可不知;药能生人[③],亦能杀人,用药者不可不慎。

〔注释〕

①福人:造福于人,让人幸福。

②祸人:祸害人,给人带来灾祸。

③生人:救人。

〔译文〕

钱能让人幸福,也能给人带来灾祸,有钱的人不可不知道这一点。药能救人,也能够杀人,用药的人不可不慎重对待此事。

一百七十三　身体力行,集思广益

凡事勿徒委于人[①],必身体力行[②],方能有济[③];凡事不可执于己[④],必集思广益[⑤],乃罔后艰[⑥]。

〔注释〕

①委:委托。

②身体力行:亲身体验,努力实行。

③济:成功,成就。

④执:固执,拘泥。

⑤集思广益:集中众人的智慧,博采有益的意见。

⑥罔:没有。

〔译文〕

凡事不能只会委托给别人,一定要身体力行,才能够有所成就。凡事不能只拘泥于自己的想法,一定要集思广益,才不会有以后的艰难。

一百七十四　功课无荒乃成业，官箴有玷未见荣

耕读固是良谋[①]，必工课无荒[②]，乃能成其业；仕宦虽称贵显，若官箴有玷[③]，亦未见其荣。

〔注释〕

①良谋：好主意。

②工课：功课。

③官箴：做官的准则、戒规。

〔译文〕

种田读书固然是好主意，但一定要不荒废功课，才能够成就事业。做官虽称得上显贵，但如果做官的准则被玷污，那也没有什么可荣耀的。

一百七十五　儒者多文为富，君子疾名不称

儒者多文为富，其文非时文也①；君子疾名不称②，其名非科名也③。

〔注释〕

①时文：时下流行的文体，指科举考试的应试文体。

②疾：忧虑，担心。

③科名：科举功名。

〔译文〕

儒家学者以文章多为富有，这个文章不是指科举考试的文章。君子最担心的是名实不符，这个名不是指科举考试的功名。

一百七十六　收放心的功夫，干大事的本领

博学笃志[①]，切问近思[②]，此八字是收放心的工夫[③]；神闲气静[④]，智深勇沉[⑤]，此八字是干大事的本领。

〔注释〕

①博学笃志：广泛学习，志向专一。《论语·子张》："博学而笃志，切问而近思，仁在其中矣。"

②切问近思：恳切请教，日常思考。

③放心：放纵的心。

④神闲气静：神气安闲平静。

⑤智深勇沉：智慧深刻，勇气沉毅。

〔译文〕

"博学笃志，切问近思"，这八个字是收敛放纵之心所要下的功夫。"神闲气静，智深勇沉"，这八个字是干大事所需要的本领。

一百七十七　规我过者为益友，徇己私者为小人

何者为益友[1]？凡事肯规我之过者是也[2]；何者为小人？凡事必徇己之私者是也[3]。

〔注释〕

①益友：有益的朋友。

②规：规劝改正。

③徇己之私：谋求自己的私利。

〔译文〕

什么是益友？凡事愿意规劝我改正错误的就是益友。什么是小人？凡事只顾谋求自己私利的就是小人。

一百七十八　待人宜宽，行礼宜厚

待人宜宽，惟待子孙不可宽；行礼宜厚[1]，惟行嫁娶不必厚。

〔注释〕

①行礼：按照礼节送礼物或礼金。

〔译文〕

对待他人一定要宽容，但对待子孙不能够宽容。送礼物应该丰厚，但婚嫁的彩礼嫁妆不一定要丰厚。

一百七十九　观已然知未然，尽其然听自然

事但观其已然[1]，便可知其未然[2]；人必尽其当然[3]，乃可听其自然[4]。

〔注释〕

①已然：已经如此，既成事实。
②未然：还没有成为事实。
③当然：理所应当的事。
④自然：天然、非人为的事。

〔译文〕

事情只要看看过去已经既成事实的，就可以知道未来还没有成为事实的。人一定要尽力做好应当做的事，才可以顺其自然。

一百八十　观规模知事业，察德泽知门祚

观规模之大小①，可以知事业之高卑；察德泽之浅深②，可以知门祚之久暂③。

〔注释〕

①规模：场面，气势，格局。

②德泽：恩德，恩惠。

③门祚（zuò）：家庭的运势。久暂：长短。

〔译文〕

观察规模格局的大小，可以知道事业的高低。观察恩德福泽的深浅，可以知道家运的长短。

一百八十一　尚义君子，趋利小人

义之中有利，而尚义之君子①，初非计及于利也；利之中有害，而趋利之小人②，并不愿其为害也。

〔注释〕

①尚义：崇尚道义。

②趋利：追逐利益。

〔译文〕

道义之中有利益，但崇尚道义的君子一开始并不是算计着得到利益。利益之中有祸害，但追逐利益的小人并不希望它造成祸害。

一百八十二　畅则无咎，亢则有悔

小心谨慎者，必善其后，畅则无咎也[1]；高自位置者[2]，难保其终，亢则有悔也[3]。

〔注释〕

①无咎：没有祸殃，没有罪过。

②高自位置：把自己看得很高，让自己高高在上。

③亢则有悔：爬得过高则会有后悔的时候。语出《易经·乾》卦："上九，亢龙有悔。"意思是身居高位而不知谦退，则盛极而衰，不免败亡之悔。

〔译文〕

小心谨慎的人，一定会有一个好的结果，因为通情达理就会没有过错。让自己高高在上的人，很难把高位保持到最后，因为盛极而衰，不免会有败亡之悔。

一百八十三　耕读之本原，衣食之实用

耕所以养生[①]，读所以明道[②]，此耕读之本原也[③]，而后世乃假以谋富贵矣[④]。衣取其蔽体[⑤]，食取其充饥，此衣食之实用也，而时人乃借以逞豪奢矣。

〔注释〕

①养生：保养生命，维持生计。
②明道：明白道理。
③本原：根本。
④假：借。
⑤蔽体：遮蔽身体。

〔译文〕

种田是为了维持生活，读书是为了明白道理，这是种田读书的根本，而后世的人却借耕田读书来谋取富贵。衣服是为了遮蔽身体，食物是为了进食解饿，这是衣服食物的实际用处，而现在的人却借衣服食物来显示自己的豪华奢侈。

一百八十四　官要施行,富要布置

人皆欲贵也,请问一官到手,怎样施行[1]？人皆欲富也,且问万贯缠腰[2],如何布置[3]？

〔注释〕

①施行:执行,实行。

②万贯缠腰:腰里装着很多钱,形容非常富有。

③布置:措置,安排。

〔译文〕

人人都想显贵,但请问如果一个官职到手,你该怎样施行政务呢？人人都想富贵,那请问你腰缠万贯,怎么利用财富呢？

一百八十五　立教之目，为学之序

文、行、忠、信[①]，孔子立教之目也[②]，今惟教以文而已；志道、据德、依仁、游艺[③]，孔门为学之序也，今但学其艺而已。

〔注释〕

①文、行、忠、信：《论语·述而》："子以四教：文、行、忠、信。"孔子从文、行、忠、信四方面教育学生。文，文献，典籍。行，行动，此指社会实践。忠，忠心，忠实。信，诚信。

②立教：树立教化，实行教育。

③志道、据德、依仁、游艺：《论语·述而》："志于道，据于德，依于仁，游于艺。"志道，有志于道。据德，根据在于德。依仁，依靠仁。游艺，游于六艺，即游憩于礼、乐、射、御、书、数六艺之中。

〔译文〕

历代文献、社会实践、对人忠心、待人诚信，是孔子实行教化的四方面内容，现在我们只是教文献罢了。有志于道、根据在德、依靠仁心、游学六艺，是孔门弟子学习的顺序，现在我们只是学习艺了。

一百八十六　可防隐微之衍，莫务技艺之末

隐微之衍①，即干宪典②，所以君子怀刑也③；技艺之末④，无益身心，所以君子务本也⑤。

〔注释〕

①隐微：隐约细微。衍：通“愆”，过错。

②干：干犯，冲犯。宪典：法律，法典。

③怀刑：指畏惧刑律而守法。

④技艺之末：技艺的末流，微不足道的小技艺。

⑤务本：致力于根本。《论语·学而》：“君子务本，本立而道生。”

〔译文〕

哪怕隐约细微的过错，也可能会触犯法律，因此君子都牢记法典，遵纪守法。微不足道的小技艺，无益于身心健康，所以君子致力于学问的根本。

一百八十七　恐学而无恒，要贫而有志

士既知学，还恐学而无恒；人不患贫[①]，只要贫而有志。

〔注释〕

①患：忧虑，担心。

〔译文〕

读书人既然知道要学习，还惧怕学习却没有恒心。人不必担心贫穷，只要贫穷而有志气。

一百八十八　用功于内无所求,饰美于外无所有

用功于内者,必于外无所求;饰美于外者[①],必其中无所有。

〔注释〕

①饰美:打扮得漂亮。

〔译文〕

把功夫下在内在的,对于外表就无所要求。外表打扮得漂亮的,往往腹中空空。

一百八十九　有心者贵人谋，讲学者求实用

盛衰之机[①]，虽关气运[②]，而有心者必贵诸人谋[③]；性命之理[④]，固极精微[⑤]，而讲学者必求其实用。

〔注释〕

①盛衰之机：兴盛衰败的关键。

②气运：气数，命运。

③有心：有志向。贵：崇尚，重视。人谋：人的谋划。

④性命：中国古代哲学范畴。指万物的天赋和禀受。

⑤精微：精深微妙。

〔译文〕

兴盛衰败的关键，虽然和气数命运有关，但有志向的人一定重视人力的谋划。生命万物本性的道理，固然非常精深微妙，但讲学的人一定会追求它的实用。

一百九十　资性不足限人，境遇不足困人

鲁如曾子[①]，于道独得其传，可知资性不足限人也[②]；贫如颜子，其乐不因以改，可知境遇不足困人也。

〔注释〕

①鲁：迟钝，笨拙。曾子：曾参（前505—前435），字子舆，春秋末年鲁国南武城（山东嘉祥）人。著名的思想家，孔子弟子之一，与其父曾点同师孔子，是儒家学派的重要代表人物。被后世尊奉为“宗圣”，是配享孔庙的四配之一。

②资性：天资禀赋。

〔译文〕

迟钝笨拙得像曾子那样，却能够在儒道上独得孔子的传授，由此可知天性不足以限制人。贫穷得像颜回那样，他的快乐却能够不因贫穷而改变，由此可知境遇也难不倒人。

一百九十一　敦厚人可托大事，谨慎人能成大功

敦厚之人[①]，始可托大事，故安刘氏者，必绛侯也[②]；谨慎之人，方能成大功，故兴汉室者，必武侯也[③]。

〔注释〕

①敦厚：朴实宽厚。

②绛侯：周勃（？—前169），沛郡丰县（今江苏丰县）人。西汉时期开国将领、宰相。随刘邦起兵反秦，历任五大夫、虎贲（bēn）令、将军，封为威武侯。参加楚汉之争，攻打赵贲、大败章平、包围章邯，屡建战功。汉高祖六年（前201），封为绛侯。带兵讨平韩信、陈豨（xī）、卢绾（wǎn）叛乱，拜为太尉。刘邦死前预言"安刘氏天下者，必勃也"。刘邦死后，吕后篡权。周勃在吕后死后，联合陈平夺取吕禄军权，诛杀吕氏诸王，拥立汉文帝即位。

③武侯：诸葛亮（181—234），字孔明，号卧龙，琅琊阳都（今山东沂南）人，三国时期蜀汉丞相，杰出的政治家、军事家。在世时被封为武乡侯，死后追谥忠武侯。故后世常以武侯尊称诸葛亮。

〔译文〕

朴实忠厚的人，才能够委托他大事，所以安定刘氏天下的，一定是绛侯周勃。谨慎的人才能够成就大功业，所以复兴汉王室的，一定是武侯诸葛亮。

一百九十二　英明难救已成之祸，智计不保难宥之罪

以汉高祖之英明[①]，知吕后必杀戚姬[②]，而不能救止，盖其祸已成也；以陶朱公智计[③]，知长男必杀仲子[④]，而不能保全，殆其罪难宥乎[⑤]？

〔注释〕

①汉高祖：西汉开国皇帝刘邦。见17页注⑥。

②吕后：吕雉(前241—前180)，字娥姁，单父(今山东单县)人，汉高祖刘邦的皇后(前202年—前195年在位)。汉高祖死后，她篡夺政权，临朝称制。戚姬：戚夫人(前224—前194)，济阴定陶(今山东菏泽定陶区)人，汉高祖刘邦的宠姬。生子名如意。因戚姬之故，刘邦几次欲废掉太子刘盈，立如意为太子。在大臣的反对下未能成功。刘邦去世后，吕后掌权，下令毒杀了赵王如意，砍断了戚夫人的手脚，剜掉眼珠，熏聋耳朵，喝下哑药，把她扔在窟室里，称为"人彘(zhì)"。

③陶朱公：范蠡(前536—前448)，字少伯，春秋时期楚国宛地三户(今河南淅川)人。春秋末著名的政治家、军事家。曾献策扶助越王勾践复国，功成名就后急流勇退，化名姓为鸱夷子皮，遨游于七十二峰之间。其间三次经商成巨富，三散家财。后定居于宋国陶丘(今山东菏泽定陶区南)，自号陶朱公。

④长男：长子，大儿子。据《史记》记载，陶朱公有三个儿子，二儿子因杀人被囚在楚国，于是他打算派小儿子带千金去营救。大儿子得知后请求父亲派他去，陶朱公无奈，改派大儿子前去。他嘱咐大儿子找熟人庄生，送去千金，一切听庄生安排。庄生收钱后嘱咐大儿子赶紧回家，别瞎打听。结果大儿子没听，又找别人打听，听说楚王准备大赦，弟弟肯定没事了，于是找庄生又把千金要了回来。庄生本来也没想要钱，但是觉得没面子，于是又找楚王上了个话，结果楚王直接下令把二儿子杀了，然后再宣布大赦。大儿子只能带着弟弟的尸体回家。到家后，家里人都忍不住哭了，而陶朱公不哭反笑，说早想到这结果了。老大是苦日子过来的，舍不得千金，派小儿子去肯定就没事了。仲子：次子，第二个儿子。

⑤宥（yòu）：宽恕，赦免。

〔译文〕

以汉高祖的英明，知道吕后一定会杀戚姬的，但却不能营救制止，大概是因为这件祸事已经形成了。以陶朱公的聪明计谋，明知道老大去一定会要了老二的命，却没能保全二儿子，大概是因为二儿子的罪难以赦免吧？

一百九十三　忠厚处世，勤俭传家

处世以忠厚人为法[1]，传家得勤俭意便佳。

〔注释〕

①法：标准，榜样。

〔译文〕

处世要以忠厚的人作榜样，传家能够领会勤俭的意义更好。

一百九十四　紫阳维正教，阳明救末流

紫阳补《大学》格致之章①，恐人误入虚无②，而必使之即物穷理③，所以维正教也④；阳明取《孟子》良知之说⑤，恐人徒事记诵，而必使之反己省心⑥，所以救末流也⑦。

〔注释〕

①紫阳：指朱熹。见182页注③。格致：格物致知。意思是研究事物原理而获得知识。这是中国古代哲学认识论的重要命题。语出《大学》“致知在格物”。

②虚无：荒诞无稽。

③即物穷理：程朱理学的主要范畴之一。指“理”在物先，事事物物皆是“理”的表现，要依据具体事物穷究其“理”。与格物致知含义一致。

④正教：正统的教育。

⑤阳明：王守仁（1472—1529），字伯安，别号阳明。浙江绍兴府余姚县（今浙江余姚）人，因曾筑室于会稽山阳明洞，自号阳明子，学者称之为阳明先生，亦称王阳明。明代著名思想家和军事家。弘治十二年（1499）进士，历任刑部主事、贵州龙场驿丞、庐陵知县、右佥都御史、南赣巡抚、两广总督等职，晚年官至南京兵部尚书、都察院左都御史。因平定宸濠之乱而被封为新建伯，隆庆年间追赠新建侯。谥文成，故后人又称王文成公。

王守仁的学说思想是明代影响最大的哲学思想。良知：儒家把人类先天具有的道德意识称为良知。《孟子·尽心上》："人之所不学而能者，其良能也；所不虑而知者，其良知也。"王守仁《传习录》卷中："若鄙人所谓致知格物者，致吾心之良知于事事物物也。吾心之良知，即所谓天理也。致吾心良知之天理于事事物物，则事事物物皆得其理矣。"

⑥反己：反过来要求自己。省心：内心自省。

⑦末流：指已经衰落而失去其原有精神实质的流派。

〔译文〕

朱熹补充注释《大学》格物致知那一章，担心人会误入荒诞无稽的境地，因此一定要让人依据具体事物来穷究其中的哲理。王阳明选取《孟子》有关良知的学说，担心人们只会死记硬背，因此一定要让人反观自己、内心自省，以此来挽救颓败的世俗末流。

一百九十五　凶恶非美名，浮躁非佳士

人称我善良，则喜；称我凶恶，则怒。此可见凶恶非美名也，即当立志为善良。我见人醇谨[①]，则爱，见人浮躁[②]，则恶。此可见浮躁非佳士也，何不反身为醇谨[③]？

〔注释〕

①醇谨：淳厚谨慎。

②浮躁：轻浮急躁。

③反身：反过来要求自己，自我检束。

〔译文〕

人们说我善良就高兴，说我凶恶就生气。由此可见凶恶不是什么好名声，那就应该立志成为善良的人。我看到别人淳厚谨慎就喜欢，看到别人轻浮急躁就厌恶。由此可见轻浮急躁不是好的读书人，为什么不反过来要求自己淳厚谨慎呢？

一百九十六　处事宜宽平，持身贵严厉

处事宜宽平①，而不可有松散之弊；持身贵严厉②，而不可有激切之形③。

〔注释〕

①宽平：宽厚公平。

②持身：立身，修身。

③激切：激烈直率。

〔译文〕

处理事情要宽厚公平，但不能有松散的坏毛病。涵养自身贵在严厉，但不能有激烈直率的表现。

一百九十七　人贵有为，不可自薄

天有风雨，人以宫室蔽之[①]；地有山川，人以舟车通之；是人能补天地之阙也，而可无为乎？人有性理[②]，天以五常赋之[③]；人有形质[④]，地以六谷养之[⑤]。是天地且厚人之生也，而可自薄乎？

〔注释〕

①宫室：房屋的通称。

②性理：感情理智。

③五常：五种伦常道德，即父义、母慈、兄友、弟恭、子孝。

④形质：肉体躯壳。

⑤六谷：六种谷物，指稻、黍、稷、粱、麦、苽（菰米）。《三字经》称稻、粱、菽、麦、黍、稷为“六谷”。

〔译文〕

天有风雨，人能够用房屋遮蔽自己；地有山川，人能够用车船来进行交通。这是人能够弥补天地的缺陷啊，怎么能够无所作为呢？人有感情理智，天用五种伦常道德来赋予；人有肉体躯壳，地用六种谷物来养育。这是天地都厚待人的生命啊，人怎么能够看轻自己呢？

一百九十八　人苟欲生全其直，士不安贫反其常

人之生也直，人苟欲生，必全其直①；贫者士之常，士不安贫，乃反其常。进食需箸，而箸亦只悉随其操纵所使，于此可悟用人之方；作书需笔；而笔不能必其字画之工，于此可悟求己之理。

〔注释〕

①直：直道。

〔译文〕

人的生命是正直的，人如果想要活得好，就必须要固守直道。贫穷是读书人的常态，读书人不安于贫穷，就是违反了常理。吃饭要用筷子，筷子只是随着人的操纵来选择食物，由此可以了解用人的方法。写字要用毛笔，可是毛笔并不能让字好看，由此可以明白凡事必须反求诸己的道理。

一百九十九　富厚者广积阴功，贫穷者自谋本业

家之富厚者，积田产以遗子孙，子孙未必能保，不如广积阴功①，使天眷其德②，或可少延。家之贫穷者，谋奔走以给衣食，衣食未必能充，何若自谋本业，知民生在勤，定当有济。

〔注释〕

①阴功：迷信的人指在人世间所做而在阴间可以记功的好事。

②眷：眷顾，考虑。

〔译文〕

家庭富裕财产丰厚的，积累田产留给子孙，子孙未必能够保住，不如多积阴功，使老天考虑到其功德，或许能够稍微延长一下富贵。家庭贫穷的，想办法到处奔走来挣吃穿，吃穿也未必能够充裕，不如自己做自己的本行，知道人民的生活在于勤劳，对此一定能够有所帮助。

二百　言不可尽信，事未可遽行

言不可尽信，必揆诸理[①]；事未可遽行[②]，必问诸心。

〔注释〕

①揆(kuí)：度量，揣度。

②遽(jù)：仓猝，匆忙。

〔译文〕

话不能全信，一定要琢磨一下其中的道理。事不能仓猝去做，一定要问问自己的内心。

二百一　兄弟相师友，闺门若朝廷

兄弟相师友，天伦之乐莫大焉[①]；闺门若朝廷[②]，家法之严可知也[③]。

〔注释〕

①天伦之乐：家庭中亲人团聚的欢乐。
②闺门：妇女所居之处。
③家法：治家的礼法。

〔译文〕

兄弟之间能够互相做老师朋友，那么真是莫大的天伦之乐。妇女内室如果能像朝廷那样肃整，家庭礼法的严谨就由此可知了。

二百二　友以成德，学以愈愚

友以成德也[①]，人而无友，则孤陋寡闻[②]，德不能成矣；学以愈愚也[③]，人而不学，则昏昧无知[④]，愚不能愈矣。

〔注释〕

①成德：成就品德。

②孤陋寡闻：学识浅陋，见闻不广。

③愈愚：治愈愚笨。

④昏昧无知：愚昧糊涂，没有知识。

〔译文〕

朋友是用来成就德行的，人如果没有朋友，就会孤陋寡闻，德行就不能够成就。学习是用来治疗愚昧的，人如果不学习，就会糊里糊涂，愚昧也就治不好了。

二百三　明犯国法罪难逃，白得人财加倍赔

明犯国法，罪累岂能幸逃[1]；白得人财，赔偿还要加倍。

〔注释〕

①罪累：罪过。

〔译文〕

明明犯了国法，罪过怎么能幸运逃脱呢？白白得到别人的钱财，恐怕是要加倍赔偿的。

二百四　浪子可回头，贵人莫失足

浪子回头[①]，仍不惭为君子；贵人失足[②]，便贻笑于庸人[③]。

〔注释〕

①浪子回头：犯过错误的年轻人改过自新。
②失足：不慎跌倒。比喻堕落或犯严重错误。
③庸人：普通人。

〔译文〕

犯过错误的年轻人改过自新，仍然可以大大方方去做君子，没有什么不好意思的。但显贵的人一旦犯了大错，就会遭到普通人的耻笑。

二百五　饮食有节,男女有别

饮食男女[①],人之大欲存焉[②],然人欲既胜,天理或亡;故有道之士[③],必使饮食有节,男女有别。

〔注释〕

①饮食男女:指对吃喝和情爱的需要。

②大欲:普遍的欲望。

③有道之士:有道德的人。

〔译文〕

饮食情爱是人的普遍欲望,但如果人的欲望胜利了,天理也许就消亡了。因此有道德的人,一定让饮食有节制,男女有分别。

二百六　耐贫贱易，耐富贵难

东坡《志林》有云[①]："人生耐贫贱易，耐富贵难；安勤苦易，安闲散难[②]；忍疼易，忍痒难。能耐富贵，安闲散，忍痒者，必有道之士也。"余谓如此精爽之论[③]，足以发人深省[④]，正可于朋友聚会时，述之以助清谈[⑤]。

〔注释〕

①《志林》：指宋代文学家苏轼所撰《东坡志林》一书。

②闲散：悠闲散淡。

③精爽：精辟爽直。

④发人深省：启发人们深刻思考而有所醒悟。

⑤清谈：指一般闲谈。

〔译文〕

苏轼在《东坡志林》中说："人生耐得住贫贱容易，耐得住富贵难；安于勤劳辛苦容易，安于悠闲散淡难；忍疼容易，忍痒难。如果能够耐得了富贵，安得了闲散，忍得了痒，那一定是有德行的人。"我认为这么精辟爽快的议论，足以发人深省，正好可以在朋友聚会的时候，转述一下来有助于闲谈。

二百七　澹如秋水贫中味，和若春风静后功

余最爱草庐《日录》有句云①："澹如秋水贫中味，和若春风静后功②。"读之觉矜平躁释③，意味深长。

〔注释〕

①草庐：吴澄（1249—1333），字幼清，元崇仁县咸口村（今江西乐安县）人，世称"草庐先生"。是元代直承程、朱理学的名儒，他的学术思想对元代及元代以后的理学产生过极大影响。但《日录》并非吴澄的著作，而是明代理学家吴与弼的著作，此处当是作者记忆有误。《日录》：明代理学家吴与弼的一部语录体著作，语言平易，议论深刻。吴与弼（1391—1469），字子傅，号康斋，明崇仁县（今江西崇仁）人。崇仁学派的创立者，明代著名理学家、教育家。

②澹如秋水贫中味，和若春风静后功：恬淡得像秋天清澈的水一样，这是贫寒的滋味。温和得像春天的风一样，这是在沉静稳重中涵养出来的功夫。

③矜平躁释：心平气和。

〔译文〕

我最喜欢吴草庐先生《日录》中的一句话："澹如秋水贫中味，和若春风静后功。"读到这句话让人感觉心平气和，意味深长。

二百八　兵应者胜，兵贪者败

“敌加于己，不得已而应之，谓之应兵，兵应者胜；利人土地，谓之贪兵①，兵贪者败。”此魏相论兵语也②。然岂独用兵为然哉？凡人事之成败，皆当作如是观。

〔注释〕

①“敌加于己”数句：这段话见于《汉书·魏相列传》。应兵，因敌兵压境起而应战的军队称作应兵。贪兵，为贪求土地财货而出征的军队称作贪兵。

②魏相（？—前59），字弱翁，济阴郡定陶县（今山东菏泽定陶区）人，西汉政治家。先后任茂陵令、扬州刺史、谏大夫、河南太守等职。治郡有方，深得民心。汉宣帝即位后，征魏相为大司农，后任御史大夫。官至丞相，封高平侯。

〔译文〕

“敌人强加于自己的战争，不得已而应战，这样的军队称作应兵，兵应战的会胜利。贪利人家土地而打仗的兵叫作贪兵，兵贪利的一定会失败。”这是魏相论兵的话。但岂止用兵是这样？凡人事的成功或失败，都应当这样看待。

二百九　险奇之事不可为，平淡之事可常为

凡人世险奇之事[①]，决不可为，或为之而幸获其利，特偶然耳，不可视为常然也[②]。可以为常者，必其平淡无奇，如耕田读书之类是也。

〔注释〕

①险奇：危险怪异。

②常然：常常这样。

〔译文〕

凡人世上危险怪异的事，决不可去做，也许做了能够幸运地获得一些利益，但那只是偶然，不可看作是常态。可以常常去做的，一定是平淡无奇的事情，如耕田读书之类。

二百十　忧先于事无忧，事至而忧无救

“忧先于事故能无忧，事至而忧无救于事[①]。”此唐史李绛语也[②]。其警人之意深矣，可书以揭诸座右[③]。

〔注释〕

①“忧先”两句：这段话出自《资治通鉴·唐纪》“宪宗上”部分。

②李绛（764—830）：字深之。赵郡赞皇（今河北赞皇）人。唐朝中期政治家、宰相。唐德宗贞元八年（792），登进士第，元和六年（811），升任中书侍郎、同平章事，成为宰相。后与权贵有隙，托称足疾，请求去职，被罢为礼部尚书，转兵部尚书。唐穆宗、敬宗时，两任东都留守，又拜尚书右仆射。唐文宗时，被召为太常卿，出任山南西道节度使，累封赵郡公。

③座右：座位的右边。古人常把所珍视的文、书、字、画放置于此。

〔译文〕

“如果在事情发生之前先忧虑，事情来了就能够没有忧虑，事情来了再忧虑也无救于事。”这是唐代历史上李绛说的话。这段话警策人的意味深长，可以写下来挂在座位右边以提醒自己。

二百十一　父子有别，人贵自立

尧、舜大圣，而生朱、均①；瞽、鲧至愚②，而生舜、禹。揆以余庆余殃之理③，似觉难凭。然尧、舜之圣，初未尝因朱、均而灭；瞽、鲧之愚，亦不能因舜、禹而掩，所以人贵自立④。

〔注释〕

①朱：丹朱，尧的长子。相传，因为丹朱不肖，尧把部落联盟首领之位禅让给了舜。均：义均，舜的儿子。因封于商，故称商均。据《史记》记载，因商均不肖，舜选择禹作为自己的继承人。舜死后，禹让位于商均，但天下诸侯都朝拜禹而不朝拜商均，于是禹继承了帝位。

②瞽（gǔ）：瞽叟，舜的父亲。对舜不满意，经常和后妻及后妻所生的儿子象试图害死舜。但舜却仍然孝顺地侍奉瞽叟，不敢有半点不敬。鲧（gǔn）：禹的父亲。由四岳推举，奉尧命治水，九年未成，被杀于羽山。

③揆：揣度。

④自立：依靠自己的力量有所建树。

〔译文〕

尧、舜都是大圣人，但却生了丹朱、商均这样不肖的儿子。瞽、鲧那么愚蠢，却生了舜、禹这样圣明的儿子。想想积善之家有余庆、积不善之家有余殃的道理，好像让人难以置信。然而尧、舜的圣明并没有因为丹朱、商均的不肖而湮灭，瞽、鲧的愚蠢也不能因为舜、禹的缘故而掩盖，所以人重要的还是要依靠自己有所建树。

二百十二　静能延寿，敬则日强

程子教人以静[①]，朱子教人以敬。静者心不妄动之谓也，敬者心常惺惺之谓也[②]。又况静能延寿，敬则日强。为学之功在是，养生之道亦在是。静敬之益人大矣哉！学者可不务乎？

〔注释〕

①程子：程颐（1033—1107），字正叔，洛阳伊川（今河南洛阳伊川县）人，世称伊川先生，北宋著名理学家，后世尊称为程子。历官汝州团练推官、西京国子监教授。元祐元年（1086）除秘书省校书郎，授崇政殿说书。程颐与其胞兄程颢同学于周敦颐，共创“洛学”，为理学奠定了基础，世称“二程”。

②惺惺：清醒，警醒。

〔译文〕

程子教人持静，朱子教人主敬。持静是说要保持心不妄动，主敬则是要保持清醒的头脑。更何况持静能让人延年益寿，主敬能让人一天天变得强大。做学问的功夫在于此，养生的道理也在于此。静、敬对人的益处真大啊！学者怎么能够不照着做呢？

二百十三　吉凶在人，循分守常

卜筮以龟筮为重[①]，故必龟从筮从乃可言吉[②]。若二者有一不从，或二者俱不从，则宜其有凶无吉矣。乃《洪范》稽疑之篇[③]，则于龟从筮逆者，仍曰作内吉[④]。于龟筮共逆于人者，仍曰用静吉[⑤]。是知吉凶在人，圣人之垂戒深矣[⑥]。人诚能作内而不作外，用静而不用作，循分守常[⑦]，斯亦安往而不吉哉！

〔注释〕

①卜筮(shì)：古时预测吉凶，用龟甲称卜，用蓍草称筮，合称卜筮。龟筮：用龟甲卜筮。

②龟从：指用龟甲占卜得吉兆。筮从：指用蓍草卜筮得吉兆。

③《洪范》：《尚书》中的篇名。

④内吉：内部为吉祥。《尚书·洪范》："龟从，筮逆，卿士逆，庶民逆，作内吉，作外凶。"

⑤静吉：安静不动为吉。《尚书·洪范》："龟筮共违于人，用静吉，用作凶。"

⑥垂戒：垂示警戒。

⑦循分守常：遵循本分，坚守常道。

〔译文〕

卜筮中以龟甲卜筮比较重要，一定要龟甲占卜和蓍草占卜都显示吉兆才能说是吉。如果二者有一个不是吉兆，或者二者都不是吉兆，那么肯定就是有凶无吉了。而《洪范》中关于稽疑的篇章，就把龟甲占卜出来是吉、蓍草占卜出来是凶的情况称作内吉。而把龟甲占卜和蓍草占卜出来都是凶的情况则称作静吉。由此可知，吉凶全在于人，这是圣人垂示警戒的深意。如果人能够内动而外不动，安安静静而不轻举妄动，遵循本分，坚守常道，那又哪里会有什么不吉祥呢？

二百十四　勤苦之人绝无痨疾，显达之士多出寒门

每见勤苦之人绝无痨疾[①]，显达之士多出寒门。此亦盈虚消长之机[②]，自然之理也。

〔注释〕

①痨疾：痨病，结核病。

②盈虚消长：盈满和虚空，消亡和生长，指事物的发展变化。

〔译文〕

经常看到勤劳辛苦的人绝不得痨病，显赫闻达的人大多出于寒门。这也是事物盈虚消长、发展变化的原因，自然变化的规律。

二百十五　欲利己便害己，肯下人终上人

欲利己，便是害己；肯下人[1]，终能上人[2]。

〔注释〕

①下人：居于人之下，对人谦让。

②上人：地位等居于他人之上。

〔译文〕

一心想要有利于自己，那就会损害自己。愿意居于他人之下，最后才能够居于他人之上。

二百十六　大孝为其难，美才本于德

古之克孝者多矣[①]，独称虞舜为大孝，盖能为其难也；古之有才者众矣，独称周公为美才[②]，盖能本于德也。

〔注释〕

①克孝：能够尽孝道。
②美才：杰出的人才。

〔译文〕

古代能够尽孝道的人很多，但只有虞舜可称为大孝子，大概是因为他能做别人难以做到的事。古代有才能的人很多，但大家只称道周公是杰出的人才，大概是因为他能够把道德作为根本吧。

二百十七　不能缩头休缩头,可以放手须放手

不能缩头者,且休缩头①;可以放手者②,便须放手。

〔注释〕

①缩头:畏缩而不敢出头。

②放手:放开手脚,打消顾虑。

〔译文〕

不能畏缩的时候就不要畏缩,可以放手的时候就必须放手。

二百十八　言命不外顺受其正，求仁可知从入之方

居易俟命①，见危授命②，言命者，总不外顺受其正③。木讷近仁④，巧令鲜仁⑤，求仁者即可知从入之方。

〔注释〕

①居易：平安。俟命：等待命令，听天由命。

②见危授命：危难关头勇于献出生命。《论语·宪问》："见利思义，见危授命。"

③顺受其正：顺从地接受命运的公正安排。《孟子·尽心上》："莫非命也，顺受其正。"

④木讷：指人质朴而不善辞令。

⑤巧令鲜仁：巧言令色的人很少是仁厚的人。《论语·学而》："巧言令色，鲜矣仁。"

〔译文〕

平安的时候可以听天由命，但危险的时候要勇于献出自己的生命。谈到命运，总不外乎是顺从地接受命运的公正安排。质朴木讷和仁爱比较接近，花言巧语的人则很少是仁爱的人。想寻求仁爱的人就可以知道寻找仁爱之人的方法了。

二百十九　见小利不能立大功，存私心不能谋公事

见小利不能立大功，存私心不能谋公事[①]。

〔注释〕

①谋：谋划，商议。

〔译文〕

一点点儿小利益就看在眼里立不了大功，存着一份私心就不能够谋划公家之事。

二百二十　正己为率人之本，守成念创业之艰

正己为率人之本[①]，守成念创业之艰[②]。

〔注释〕

①正己：端正自己的思想、言行。率人：率领别人。

②守成：保持前人的成就和业绩。

〔译文〕

端正自己的言行是领导别人的根本，保持前人功业要想到前人创业的艰难。

二百二十一　多做好人,少管闲事

在世无过百年,总要作好人,存好心,留个后代榜样;谋生各有恒业[①],哪得管闲事,说闲话,荒我正经工夫[②]。

〔注释〕

①恒业:长久从事的行业。

②荒:荒废,耽误。

〔译文〕

人在这个世界上活不过百年,总要做个好人,存份好心,给后代留个好榜样。谋生各有各的职业,哪里有空管闲事,说闲话,耽误我正经工夫呢?